U0666310

分数阶空间线性与
非线性光波传播动力学

黄长明　著

中国原子能出版社

图书在版编目（CIP）数据

分数阶空间线性与非线性光波传播动力学 / 黄长明
著. --北京：中国原子能出版社，2023.11
　　ISBN 978-7-5221-3279-2

　　Ⅰ. ①分… 　Ⅱ. ①黄… 　Ⅲ. ①物理光学–动力学–研
究　Ⅳ. ①O436

中国国家版本馆 CIP 数据核字（2023）第 244287 号

分数阶空间线性与非线性光波传播动力学

出版发行　中国原子能出版社（北京市海淀区阜成路 43 号　100048）
责任编辑　张　磊
责任印制　赵　明
印　　刷　北京厚诚则铭印刷科技有限公司
经　　销　全国新华书店
开　　本　787 mm×1092 mm　1/16
印　　张　11
字　　数　171 千字
版　　次　2023 年 11 月第 1 版　2023 年 11 月第 1 次印刷
书　　号　ISBN 978-7-5221-3279-2　　　定　价　60.00 元

网址：**http://www.aep.com.cn**　　　　E-mail：**atomep123@126.com**
发行电话：010-68452845　　　　　　　版权所有　侵权必究

作者简介

　　黄长明，男，汉族，1984 年 11 月出生，湖北武汉人。2016 年毕业于上海交通大学物理学专业，理学博士。现为长治学院物理系副教授，硕士生导师，光场调控实验室成员，主要从事光场调控、光孤子动力学的相关研究工作。曾获山西省"山晋英才"支持计划青年优秀人才、王大珩光学奖、英国物理学会（IOP）中国高被引用作者奖、长治学院"太行学者攀登人才"支持计划等荣誉。主持国家级项目 1 项、山西省科技厅项目 2 项、山西省教育厅项目 2 项。在 *Nature*、*Nat. Photonics*、*Opt. Lett.*、*Opt. Express*、*Phys. Rev.* A、*Ann. Phys.*、*Chin. Phys. B* 等物理学和光学领域权威国际期刊上发表学术论文 50 余篇，且是 *Opt. Lett.*、*Opt. Express*、*Results Phys.* 等多种国际期刊审稿人。

前　言

　　光波在线性和非线性材料中的传播特性一直是备受关注的研究热点之一，主要原因是其在全光驱动、光开关、光学通信、捕获、控制及操纵粒子等方面具有重要的理论意义和实用价值。结构材料的线性响应和非线性响应决定光波的传播特性，其动力学行为皆可用薛定谔方程描述。近年来，基于量子力学原始框架体系，一些具有重要理论意义和潜在实用价值的推广研究工作相继被报道。其中，分数阶量子力学（fractional quantum mechanics）逐渐发展成为一个重要的物理学研究分支。描述其动力学行为的分数阶薛定谔方程引入了非局域的、由列维指数（$1 < \alpha \leqslant 2$）表征的空间分数阶导数。该方程可精确描述复杂分形空间结构中反常力学行为的路径依赖、长程相关等特性，并且可用于解释费曼路径积分中布朗运动轨迹被列维飞行代替时的物理现象。分数阶效应的量子力学体系具有的非局域效应区别于传统光致、电致非局域效应。但是直到2015 年以前，分数阶薛定谔方程相关工作主要是集中于数学领域纯理论研究和简单势阱中波包的演化行为。2015 年，S. Longhi 首次将分数阶薛定谔方程引入光学领域，提出了一种有效地实现分数阶效应的光学方案。因此，光学平台为观察分数阶效应提供了实验上的可行性。鉴于此，在分数阶衍射效应下光波传播的新颖物理特性引起了国内外研究者的高度关注。

　　近年来，作者基于分数阶衍射效应对线性和非线性光波的传播行为进行了理论研究，本书主要介绍作者在光学领域的最新研究成果。为了保证系统性和阅读方便，作者还对分数阶的基本概念、分数阶效应的实现方案以及分数阶薛定谔方程的求解方法进行了介绍。我们希望此书的出版能够帮助对相关问题感兴趣的读者，使他们对该领域的研究有概括性的了解。

在本书出版之际，作者特别感谢上海交通大学叶芳伟教授和陕西科技大学董亮伟教授，感谢两位教授在学术上给予的指导和大力帮助。

本书的编写工作得到了国家自然科学青年基金项目（编号：11704339）、山西省高等学校科技创新项目（编号：2019L0896），以及山西省应用基础研究计划项目（编号：201901D211466）的资助。作者感谢长治学院科研部和物理系对本书出版工作的支持。由于作者水平有限，书中不乏存在一些问题和欠缺，甚至错误之处，作者在此敬请专家和读者不吝赐教。

黄长明

2023 年 7 月 15 日

目　录

第1章
绪　论

1.1　分数阶微积分简介

分数阶微积分的兴起源于对传统整数阶微积分的拓展，其将整数阶导数和积分推广到非整数阶。这种推广在描述一些非线性、非局部以及记忆效应等现象时表现出了独特的优势。G. W. Leibniz 在其信件中首次提及 1/2 阶导数的概念，标志着分数阶微积分的开端[1]。随后，多位杰出数学家纷纷加入对分数阶微积分的研究，包括 Abel、Grünwald、Leitnikov、Liouville、Laplace、Fourier、Riemann 和 Caputo 等。他们对分数阶微积分的理论进行深入探讨，为该领域的发展奠定了坚实基础，并提供了重要的数学工具。

这些数学家的工作对分数阶微积分的发展起到了承前启后的作用。在他们的努力下，分数阶微积分逐渐发展成为一个独立而完整的数学分支，广泛应用于物理学、工程学、生物学、经济学等多个学科领域[2-4]。通过对分数阶微积分理论的深入研究，我们可以更好地理解和描述复杂系统中的非线性行为、记忆效应和非局域传播等现象，为解决现实世界中的复杂问题提供了强大的数学工具和理论支持。因此，这些杰出数学家的贡献不仅丰富了数学理论本身，也对其他学科领域的发展产生了深远影响。

分数阶计算是数学中一个重要的分支，它作为经典微积分理论的自然推广，在物理、力学、复杂系统和光学等领域展现出了广泛的应用潜力。在物理学领域，分数阶微积分被用于描述复杂介质、非线性振动和传热等问题，并提供了更准确的建模工具。在复杂系统研究中，分数阶模型被应用于揭示复杂网络的动力学行为和多尺度特性，以及复杂流体和介质的非线性行为。同时，分数阶计算在光学领域也有重要应用，可更好地描述光在非均匀介质中的传播和非线性效应。然而，分数阶计算仍面临数值求解困难、模型复杂性和数据不足等挑战。为克服这些困难，需要进一步发展高效的数值方法，并结合数值模拟和实验数据，推进分数阶计算在相关领域的应用与研究。随着对分数阶微积分理论的不断深入和数值方法的不断完善，分数阶计算必将在各个领域持续发挥重要作用，为复杂问题的解决提供更全面和准确的解决方案。

1.1.1　分数阶拉普拉斯算子

分数阶拉普拉斯算子是分数阶偏微分方程的核心算子，它是传统拉普拉斯算子在分数阶导数理论中的推广。通常用符号 ∇^{α} 表示分数阶拉普拉斯算子，其中 α 是分数阶导数的阶数。

分数阶拉普拉斯算子的形式为

$$\nabla^{\alpha}u = \frac{1}{\Gamma(1-\alpha)}\frac{\partial}{\partial t}\int_{-\infty}^{t}\frac{u(t')}{(t-t')^{\alpha}}\mathrm{d}t', \tag{1-1}$$

其中，u 是待求解的函数，α 是分数阶导数的阶数；$\Gamma(\bullet)$ 是伽马函数；t 是自变量；t' 是积分变量。

分数阶拉普拉斯算子的变换可以通过拉普拉斯变换或傅里叶变换来实现，具体取决于问题的性质和边界条件。这些变换的目的是将分数阶偏微分方程转换为代数方程或其他形式的方程，从而更容易求解和分析。在拉普拉斯变换中，我们可以将分数阶拉普拉斯算子 ∇^{α} 转换为 s 的函数，其中 s 是复变量。这样可以将分数阶偏微分方程转换为关于 s 的代数方程，简化求解过程。在傅里叶变换中，我们可以将分数阶拉普拉斯算子 ∇^{α} 转换为频域的函数，从而将分数阶偏微分方程转换为频率域的代数方程。傅里叶变换在信号处理和控制系统中广泛应用，对于解决分数阶偏微分方程也提供了有效的工具。

分数阶拉普拉斯算子的形式和变换使分数阶偏微分方程在实际问题中得到广泛应用，尤其在描述非线性、非局部和记忆效应等复杂现象时具有重要意义。通过适当的变换和数值方法，我们能够更深入地理解和研究分数阶偏微分方程，为解决实际问题提供有力支持。

1.1.2 分数阶薛定谔方程

在经典的量子力学中，自由粒子的动力学特性可由薛定谔方程表征，即

$$i\hbar\frac{\partial}{\partial t}\psi(r,t) = -\frac{\hbar^2}{2m}\nabla^2\psi(r,t),\qquad(1-2)$$

该方程中，$\psi(r,t)$ 为微观粒子的量子态波函数。当波函数 $\psi(r,t)$ 确定后，粒子的任何一个力学量的平均值及其测量值概率的分布就确定了。从而，如何确定波函数随着时间的演化成了物理学中的一个至关重要的问题。如果进一步考虑在势场 $V(r,t)$ 中运动的粒子，则可以得到

$$i\hbar\frac{\partial}{\partial t}\psi(r,t) = \left[-\frac{\hbar^2}{2m}\nabla^2 + V(r,t)\right]\psi(r,t),\qquad(1-3)$$

该方程为薛定谔波动方程，其能够揭示微观世界中物质运动的基本规律。

在量子力学中，费曼路径积分实际上就是基于布朗型的量子力学路径积分。将布朗型的积分路径替换为列维型的量子力学路径时，可以得到分数阶的薛定谔方程，即

$$i\hbar\frac{\partial}{\partial t}\psi(r,t) = D_\alpha(-\hbar^2\Delta)^{\alpha/2}\psi(r,t) + V(r,t)\psi(r,t),\qquad(1-4)$$

这里，D_α 为常数；α 为列维指数，表征空间导数为 α 阶。在分数阶薛定谔方程中，分数阶哈密顿算子 $H_\alpha = D_\alpha(-\hbar^2\Delta)^{\alpha/2} + V(r,t)$。$H_\alpha$ 不依赖于时间的情形在物理的研究中是重要的。此时，分数阶薛定谔方程通常能找到特解，该方程也称为定态分数阶薛定谔方程。

1.1.3 不同形式的分数阶薛定谔方程

近年来，分数阶微积分方法在量子现象研究中的应用取得了许多有意义的研究成果。常规薛定谔方程在时间上具有一阶导数的显著特征，在空间上具有二阶导数的显著特征，已被推广，具有不同的表示形式。

（1）非整数阶空间导数，但保留一阶时间导数的空间分数阶薛定谔方程：

$$i\hbar\frac{\partial\psi}{\partial t} = -D_\alpha(\hbar\Delta)^\alpha\psi + V(x)\psi。\qquad(1-5)$$

3

（2）非整数阶时间导数，但保留二阶空间导数的时间分数阶薛定谔方程：

$$i\hbar\frac{\partial^\alpha}{\partial t^\alpha}\psi = c\nabla^2\psi + V(x)\psi。 \tag{1-6}$$

（3）时间和空间导数都是非整数阶的更一般的分数阶薛定谔方程：

$$(i\hbar)^\beta D_t^\beta \psi(x,t) = \frac{\hbar^\beta}{E_P T_P^\beta}[D_\alpha(-\hbar^2\Delta)^{\alpha/2} + V(x,t)]\psi(x,t)。 \tag{1-7}$$

通过对拉普拉斯算子的分数阶推广，利用分数阶变分原理，得到了分数阶薛定谔方程。在上述这些推广的方程中，分数阶导数都是黎曼-刘维尔型或卡普托型的正则分数阶导数，它们本质上都是非局域的。

1.1.4 光学中常见的几种非线性分数阶薛定谔方程

为了探究线性和非线性光波在分数阶效应下的物理性质，了解和认识光波动力学所描述方程中的相关参量是非常有必要的。下面列举目前国际和国内讨论线性和非线性光波动力学常见的几种非线性分数阶薛定谔方程的形式。

（1）克尔介质材料中的非线性分数阶薛定谔方程：

$$i\frac{\partial A}{\partial z} = \frac{1}{2}\left(-\frac{\partial^2}{\partial x^2}\right)^{\alpha/2}A - f(A^2)A - V(x)\psi。 \tag{1-8}$$

这里，$\left(-\dfrac{\partial^2}{\partial x^2}\right)^{\alpha/2}$ 为分数阶衍射项，$f(A^2)=g|A|^2$，很容易发现，非线性项与光场强度成比例。$g=+1$，对应聚焦非线性；$g=-1$，对应散焦非线性；$V(x)$ 称为光学晶格，对应结构材料的折射率分布。

（2）饱和介质材料中的非线性分数阶薛定谔方程：

$$i\frac{\partial A}{\partial z} = \frac{1}{2}\left(-\frac{\partial^2}{\partial x^2}\right)^{\alpha/2}A - f(A^2)A - V(x)\psi。 \tag{1-9}$$

这里，$\left(-\dfrac{\partial^2}{\partial x^2}\right)^{\alpha/2}$ 为分数阶衍射项，$f(A^2)=\dfrac{g|A|^2}{1+S|A|^2}$，饱和非线性介质的特点是非线性项随着场强增加趋于一个饱和值。$g=+1$，对应聚焦非线性；$g=-1$，对应散焦非线性；$V(x)$ 称为光学晶格，对应结构材料的折射率分布。

（3）竞争性介质材料中的非线性分数阶薛定谔方程：

$$i\frac{\partial A}{\partial z} = \frac{1}{2}\left(-\frac{\partial^2}{\partial x^2}\right)^{\alpha/2} A - f(A^2)A - V(x)\psi 。 \tag{1-10}$$

这里，$\left(-\dfrac{\partial^2}{\partial x^2}\right)^{\alpha/2}$ 为分数阶衍射项，$f(A^2) = |A|^2 - |A|^4$，该方程中非线性项为三五次竞争项，当光强较小时，$f(A^2)$ 对应的值为正值，而当光强较大时，$f(A^2)$ 对应的值为负值。$V(x)$ 称为光学晶格，对应结构材料的折射率分布。常见的竞争性介质还有二三次竞争项。

值得说明的是除了新的分数阶衍射项不同，这些常见的分数阶薛定谔方程形式同常规的薛定谔方程形式一致。上面提及的这些方程的不同形式主要表征在非线性项不同，当然，还有其他的非线性形式，如非局域非线性材料（强非局域非线性、弱非局域非线性）等。

此外，上面列举的方程均为标量分数阶薛定谔方程，即描述单分量光场的动力学方程。在真实的光场相互作用过程中，多分量光场的相互作用也在被研究，如两分量或三分量情况，可用耦合系统中非线性分数阶薛定谔方程描述。

1.2 分数阶效应的实现方案

从模型方程的角度来看，从常规的麦克斯韦方程出发，考虑到均匀非线性介质，几乎不可能得到非线性分数阶薛定谔方程。然而，通过一系列数学推导，我们实际上可以得到标准的非线性薛定谔方程，其中"动能"项是非分数阶的。然而，要实现分数阶效应，我们可以通过使用合成的介质或者人工制造的共振腔来达到这一目的。在共振腔内[5]（图 1.1）或者类似的透镜波导中[6]（图 1.2），在每次往返过程中，我们都可以精心设计有效的衍射算子，以模拟薛定谔方程中的分数阶动能算子。通过将克尔介质放入共振腔中，我们能够获得所需的非线性效应，从而得到设计的分数阶非线性薛定谔方程。需要注意的是，上述两种方案都是在空间中实现分数阶效应的。

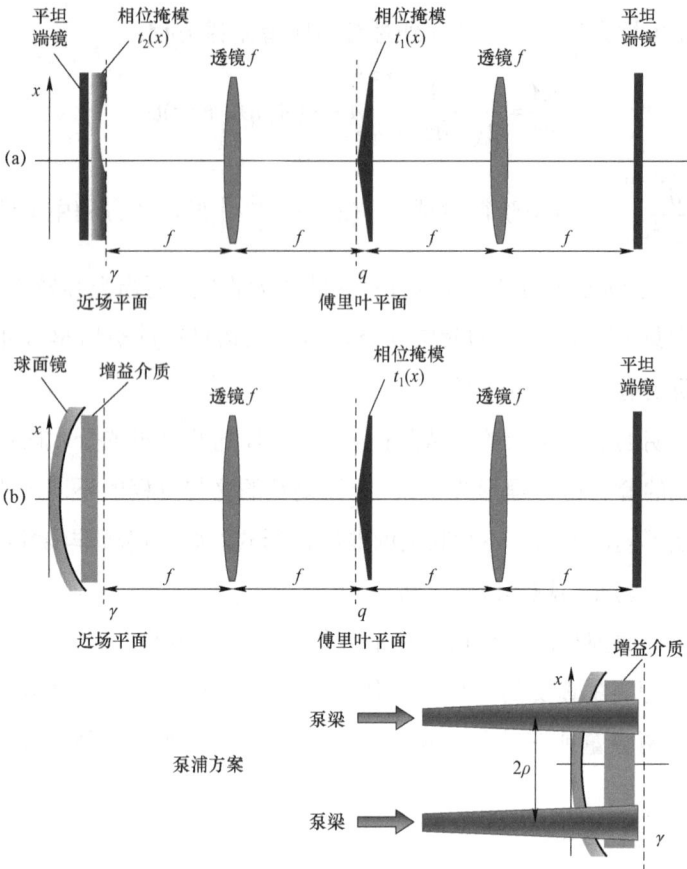

图 1.1 （a）实现分数阶薛定谔方程（SFSE）的 4-f 配置光共振腔示意图；（b）实现分数阶量子谐振子的光共振腔示意图。在（a）中，相位掩模 $t_2(x)$ 和平坦端镜被球面镜替代。在下方面板中显示了选择性激发更高阶双 Airy TEM_n 模式的泵浦方案[5]

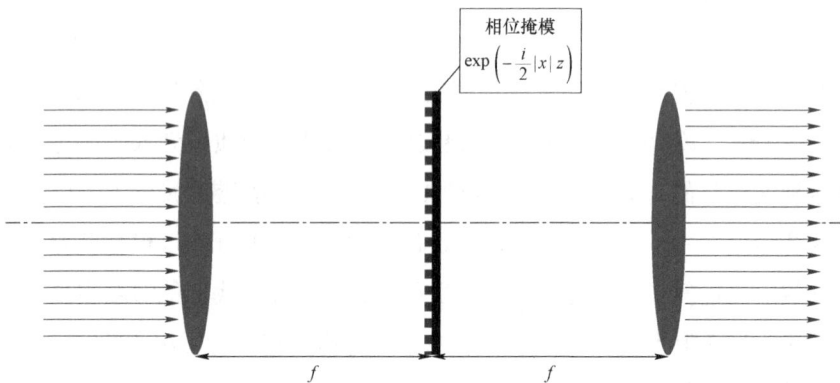

图 1.2 光学系统的示意图，用于实现分数阶薛定谔方程中自由传播的理论结果。f 是凸透镜的焦距[6]

6

这些方法为实现分数阶效应提供了有力的途径。尽管在常规麦克斯韦方程的框架下难以实现分数阶薛定谔方程，但通过巧妙的数学推导和材料设计，我们能够在特定结构中实现这一目标。这不仅在理论上有重要意义，还有助于拓展光学和物理学领域中分数阶效应的应用。值得强调的是，这些方法为我们提供了一种探索非线性效应的新途径，同时也激发了研究者们对于分数阶薛定谔方程的更深入理解及其应用的兴趣。随着材料科学和光学技术的不断进步，我们有理由相信，分数阶效应在更广泛的应用领域中将会发挥潜力，从而推动光学研究的不断发展和创新。

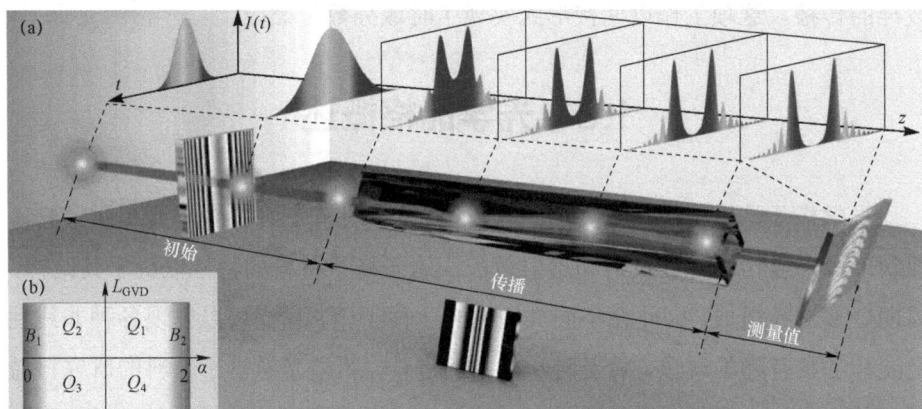

图 1.3　用于实现分数阶薛定谔方程的实验装置。在初始部分，安装了一个全息图，以塑造输入脉冲的特征。在传播部分，使用另一个全息图来诱导频谱相位偏移，从而模拟通过光学列维波导的传播效应（为了清晰起见，这个全息图以旋转形式绘制在图的平面上）。在测量方面，采用了单次空间-频谱干涉技术，以测量脉冲的幅度和相位。输入脉冲的时间轮廓以及在 Q_3 情况下传播光束的结构演变，如图（b）所定义，通过示意图显示在图的顶部。图（b）中的 4 个不同象限，Q_1 到 Q_4，代表了参数平面中的不同区域（L_{GVD}，α）。其中，象限 Q_1 和 Q_2 分别对应于具有 $L_{GVD} > 0$ 和 $1 \leqslant \alpha \leqslant 2$ 以及 $0 \leqslant \alpha \leqslant 1$ 的情况。而象限 Q_3 和 Q_4 则是按照类似的方式进行定义，只不过 $L_{GVD} < 0$。图（b）中的区域 B_1 和 B_2 分别表示 α 接近 0 和 2 的两种极端情况[7]。

从实验角度来看，实现分数阶量子现象的主要挑战在于找到一个具有任意列维指数的列维飞行的物理环境，这将为粒子的波函数引入分数相位偏移，从而实现分数阶效应。另一种方法是利用凝聚态物质体系来实现空间域分数阶效应。在这种情况下，关键要素是一个一维列维晶体，其列维指数的取值范围为 $1 < \alpha \leqslant 2$，可以通过引入形式为一维无限范围紧束缚链的方式来实现。然而，

在固体系统中构建一个具有任意列维指数的列维晶体仍然具有挑战性。

最近，Liu 等人报道了一个在时间域中实现分数阶效应的光学系统的实验实现（见图 1.3）。其主要原理是将时间域中的分数阶薛定谔方程转化为频率域，并应用了一个表示具有任意列维指数值的列维波导的频谱相位偏移。通过最近发展的单次测量技术，尤其是空间频谱干涉技术，基于单次测量进行脉冲重构。在实验中，在脉冲整形器系统中使用了两个全息图。第一个全息图对输入脉冲进行适当的相位变换，第二个全息图充当具有分数阶组速度色散系数和特定值的光学列维波导。通过第二个全息图，脉冲接受传播相移，模拟通过分数色散波导的传播。这项工作以间接形式实现了时域分数阶效应。

1.3 光学晶格概述

光学格子是一种极为重要的结构，它为周期性调制材料中的光提供了精确控制手段，包括衍射、反射和透射效应。这些格子材料的特性取决于其结构、周期性和材料组成，因此在不同类型的光学格子中，我们可以发现各种非线性光波和各种有趣的现象。随着科学技术的进步，新型光学格子材料的研究日益受到关注。在这些新型材料中，人们不仅能够探索更多非线性光波，还能引入一些前所未有的物理机制，如全光开关和光信息路由。这些新机制为光学通信和信息处理领域带来了巨大的发展潜力，有望实现更高效的光学器件和传输系统。令人兴奋的是，新型光学格子材料中的衍射效应、非线性效应和格子的限制效应能够相互平衡。这种平衡意味着在格子材料内，不同尺度的光波可以实现无衍射传输，从而显著提高了光信号传输的效率和可靠性。这对于设计更优化的光学器件和光学通信系统具有重要意义。下面，笔者将对与本研究主题相关的几种新型光学格子逐一进行介绍。

1.3.1 周期光学格子

在光学领域中，周期光学晶格是一种具有周期性折射率变化的光学结构。这种结构包括多种形式，如光栅、条状波导、波导阵列以及光子晶体和光子晶体光纤等，它们都是周期性光学结构的具体例子。类似于半导体中的电子在晶体中运动一样，光波在光学晶格中也会表现出传输行为，因此周期性的光子结构可以被用来控制光的传输，从而为实现光学集成电路、光学计算和信号处理等应用提供有力支持。其中，最为常见的一维周期结构是周期波导阵列，它可以通过图 1.4（a）展示。除此之外，还有一些更为复杂的二维周期性光学晶格，如图 1.4（b）中的二维光纤阵列、三角形晶格，图 1.4（c）中的方形晶格和六边形晶格（如石墨烯结构，如图 1.5 所示）等。这些二维结构的存在为光学研究和应用带来了更加丰富的可能性。值得一提的是，六边形晶格的特点在于存在着狄拉克点。狄拉克点是一种特殊的能带交叉点，它在材料的能量带结构中具有非常重要的物理意义。这种特殊的结构在光子学中引起了广泛的关注，因为它能够导致一些非常有趣的光学现象，并且在光学器件设计中具有重要的应用潜力。随着对周期性光学结构的深入研究，我们对于光子学的理解将会日益深化。这些周期性结构的设计与优化将为光学器件和光学通信系统的发展提供新的思路和解决方案，推动光学技术向更高水平迈进，同时也促进了与其他领域的交叉融合，打开了更加广阔的应用前景。

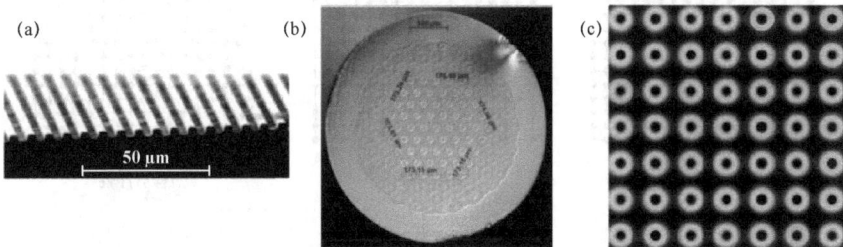

图 1.4 （a）聚合物上的一维周期波导阵列；（b）二维光纤阵列[8]；
（c）光折变晶体中产生的四边形光学晶格[9]

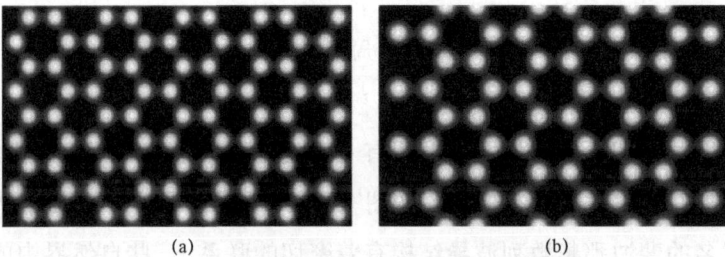

图 1.5 两维石墨烯状六角光学晶格示意图：
（a）zigzag 型边界；（b）beard 型边界

1.3.2 准周期光学格子

在周期结构晶体材料中，原子呈现出短程和长程的有序性。这种有序性是由晶体中的格子势阱的周期性所决定的，导致材料的能量态在空间上是无限延展的，从而使电子在晶体中自由扩散，如图 1.6（a）所示。这种特性赋予了晶体材料优异的导电性和光学性能，使其在电子器件和光学器件中广泛应用。然而，与有序晶体相对应的是无序或非晶态固体材料，这种材料中的原子排列缺乏长程有序性，只存在一定程度的短程有序性，如图 1.6（c）所示。随着无序程度的增加，材料的长程有序性完全消失，导致电子波函数在单个原子位置上出现指数级局域化，称为安德森局域现象[10]。在这种局域化状态下，载流子的扩散现象被抑制。

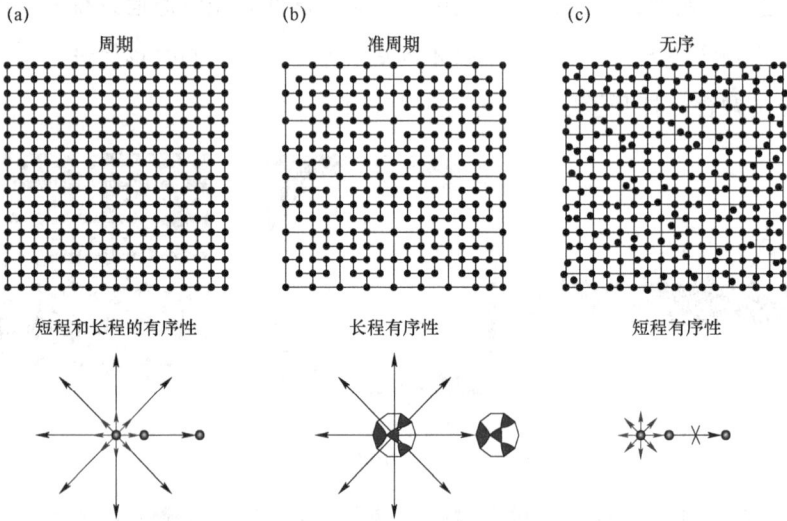

图 1.6　两维格子分布：（a）周期结构；（b）准周期结构；
（c）无序格子。底端平面呈现了格子对应的原子有序性情况[11]

在周期结构和无序结构之间，还有一大类准周期（非周期）结构材料[11]，这些材料具有完美的长程有序性，如图 1.6（b）所示。其中，一维准周期离散结构与著名的斐波那契数列波导结构有着密切的联系。一些自然界中的美丽现象，如向日葵和仙人掌的小花组成的复杂螺旋形图案，正是按照斐波那契规则排布的[12,13]。按照斐波那契数列排布的一维准晶体中的光子色散关系以及透射谱特性都在被研究[10,14]。除了斐波那契数列排布的结构，一维准周期光学格子还可以通过其他方式构造。例如，通过将两个不可通约的周期子格子叠加组合在一起，就可以形成准周期格子。基于这样的一维准周期光学格子，保守系统中[15]，稳定带隙孤子被发现；在耗散系统中[16]，光波局域-非局域过渡及 PT 对称破缺性质被讨论。

在两维准周期结构中，带隙结构和局域波函数的特性受到了广泛研究[17]。在一些特定的准晶体结构中，在 12 倍对称非线性准晶体结构中常规的稳定带隙孤子被发现[18]。同时，在调谐的叉形准晶体结构中，特征谱、态密度以及波函数的特性已经在实验中得到观察[18]。这些实验结果为我们深入理解准周期结构的光学和波动性质提供了重要参考。除了二维准周期结构，准周期格子在光学[19,20]和物质波[21]领域也得到了广泛关注，并有相应的实验报道。在光学领域，可以通过在特定材料中构造准周期势阱或者通过几束干涉的平面波诱导产生准周期势阱。这些准周期势阱的设计和控制为光学器件的研发提供了新的可能性。另外，对于物质波，L. Guidoni 等人已经在三维准周期势阱中讨论了铯原子的动力学行为，涉及铯原子的运动温度和局域性[22]。这些研究对于理解粒子在准周期势阱中的行为特性，以及探索相关应用领域，如原子激光与冷原子系统等，具有重要意义。

1.3.3 PT 对称光学格子

在现实世界的材料中，由于存在一定的增益或损耗，光学格子孤子的研究已成为引发广泛关注的热门课题。通过探索这些孤子在耗散性系统中的特性，我们不仅可以更好地理解光在这样的环境中的传输行为，还能为光学器件的设计和应用提供有力支持。Bender 在 1998 年的研究中提出了一个重要的结论，即在 PT 对称势阱中[①]，非共轭哈密顿量对应的特征谱仍然保持全实数性

---

　① PT 对称性最初是被当作非厄米量子力学中的一个特殊系统而进行研究的，此时哈密顿量不是厄米的。在 1998 年，物理学家 Carl Bender 与其前研究生 Stefan Boettcher 在 *Physical Review Letters* 上发表了一篇量子力学论文《具有 PT 对称性的非厄米哈密顿量的实光谱》。在本文中，作者发现具有 PT 对称性（需要宇称反转和时间反演对称算子同时作用的不变性）的非厄米哈密顿量也可能拥有实数谱（否则非厄米哈密顿量能谱一般是复数）。Bender 因这个工作获得了 2017 年的丹尼·海涅曼数学物理奖（Dannie Heineman Prize for Mathematical Physics）。

质[23-25]。PT 对称格子的一个重要的性质就是 $V(x)=V^*(-x)$[23-25]，即格子的实部是偶对称函数，格子虚部是奇对称函数，如图 1.7 所示。这一研究为我们提供了在耗散系统中实现稳定光传输的理论基础。耗散系统中的 PT 对称性质对光学格子的研究具有重要影响，为我们深入探索光在这种系统中的行为提供了关键线索[26]。

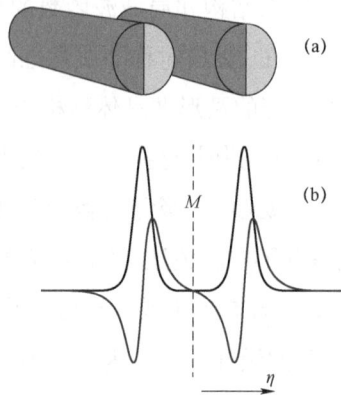

图 1.7　PT 对称耦合波导系统：（a）双波导结构（单个波导中左侧为增益区域，右侧为损耗区域）；（b）折射率分布（偶对称）以及增益/损耗剖面（奇对称）。虚线 M 表示结构的对称轴[27]

近年来，国内外学者纷纷投入对 PT 对称光学格子中线性和非线性模特性的深入研究。这些努力不仅推动了光学领域的进展，也为我们理解耗散系统中的光行为提供了新的视角。PT 对称光学格子在耗散系统中引发了广泛兴趣，因其能够在增益和损耗之间实现稳态平衡。当系统的增益损耗水平低于 PT 对称破缺阈值时，系统能够支持稳态的导模[28]。通过实验观察，我们已经证实了 PT 对称破缺前后，局域的线性模的变化[29,30]。周期性结构进一步扩展了 PT 对称的概念[31,32]，并在这样的周期格子中发现了稳定的孤子解。除此之外，PT 对称单波导结构[33]、耦合波导结构[34-40]、聚合物[41,42]、离散的阵列[43,44]、连续的非线性[45-47]、线性[48-54]，以及线性-非线性 PT 对称混合格子[55]中各种类型的非线性模特性都在被研究。这些研究涵盖了孤子的存在性、稳定性分析以及光传播动力学行为的探究。这些非线性模特性的研究都是基于增益损耗系统在 PT 对称破缺点临界值之下的讨论，因此，在不同系统中准确定义 PT 对称破缺点至关重要。

1.3.4 纵向调制光学格子

设计纵向调制的折射率变化可以控制光束的传输，该技术手段需要将光学格子或波导阵列联系在一起[56]。纵向调制光学格子对孤子的动力学的操纵有着重要影响。光束在非线性波导阵列中的衍射控制已经被研究，发现离散孤子的宽度和波峰振幅呈周期性演化[57]。两偏振态模式在衍射波导阵列的传输特性研究中被提出。衍射操纵的两种调制波导阵列方案如图 1.8 所示。

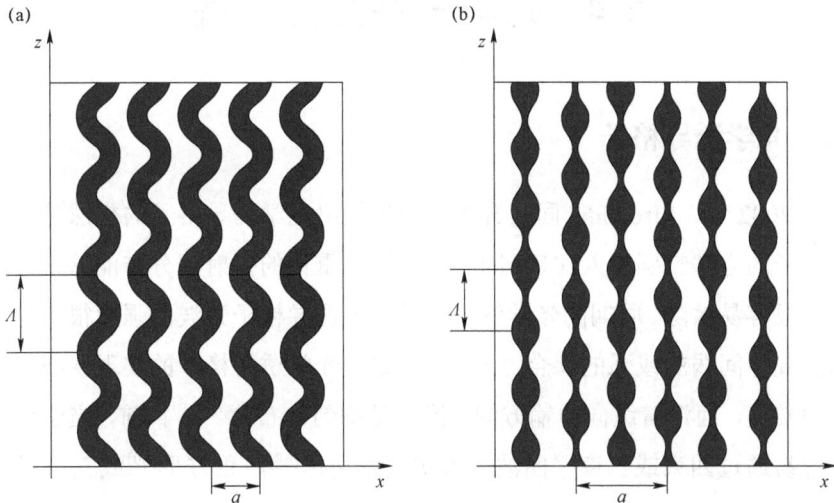

图 1.8 衍射操纵的两种调制波导阵列方案[58]：（a）波导阵列纵向周期弯曲；
（b）直波导纵向宽度周期变化

非线性光波在不均匀的一维波导阵列中的衍射控制已得到详尽研究。纵向周期调制的耦合长度可能导致孤子的震荡或衰竭[59]。不同类型的光学诱导动力学格子已被探究[60]，包括纵向格子调制深度的单调或周期变化，以及波导通道对应的宽度周期变化。线性和非线性光波在一维周期弯曲波导阵列中的行为也已受到关注[58,61]。在线性区域，类似泰伯自成像效应的现象被预测。实验中，线性周期弯曲波导阵列中的光动力学局域现象得以观察[62-64]。适当设计的周期弯曲波导有能力抑制非线性布洛赫波的离散调制不稳定性[65]。此外，在纵向调制波导阵列中还存在著名的拉比振荡现象[66]。截断的周期弯曲波导阵列中，线

13

性模的传输依赖于波导弯曲振幅，这一现象已在理论和实验中得到证实。而弯曲的耦合光学波导的折射率梯度可以通过交流电场来实现[67]。现有的纵向动力学传输特性研究主要基于傍轴薛定谔方程，然而，随着功能器件和材料的不断发展，微型器件中光信息传输和操纵正日益受到关注。在这样的背景下，微型功能器件的研究需要借助麦克斯韦方程进行建模，以揭示新颖的物理特性。在复杂材料中，综合考量多种效应，如分数阶效应、亚波长尺度效应、非线性效应等对光波的动力学传输和路由具有重要意义。

1.4 光学格子的实现方法

1.4.1 光学诱导格子

在 2002 年，Efremidis 同其合作者最先提出光学诱导格子的想法[68]。光学诱导格子的方法特别引人注目，因为它允许可重构的折射率分布能够很好的调谐并且很容易擦除。周期的光学诱导格子凭借诱导格子光波的强度很容易实现相邻的波导间弱的或强的耦合。一维或二维的光学诱导格子的实现现在仅仅是在横向维度，而沿着纵向传输方向，维度是均匀分布的[69]。目前，光学诱导方法很容易通过四束或三束平面波干涉实现六边形[68]、正方形[69]或三角形[70]二维光学格子。

在这具有开创性的实验装置中[69]，周期折射率剖面分布可以在有偏压光伏光折变晶体中通过两束垂直于主面偏振的平面波相干实现。一个外在静电场作用于晶体，通过电光效应周期改变其折射率分布。在光伏光折变晶体中，正交的偏振光波具有显著不同的电光效应，相干平面波中寻常光是线性传输的，从而创造稳定的一维周期格子，然而主面振动偏振探测光（非寻常光）将经历强的非线性自作用，这将通过非线性效应改变折射率分布，并且非线性信号（自聚焦/自散焦）能够通过改变偏压电场的信息获得。对于二维准周期格子，我们同样可以通过光学诱导格子的方法实现，如图 1.9 所示，即在两维几何结构中，可以通过奇数（$N \geqslant 5$）个适当倾斜平面波的干涉叠加构造。

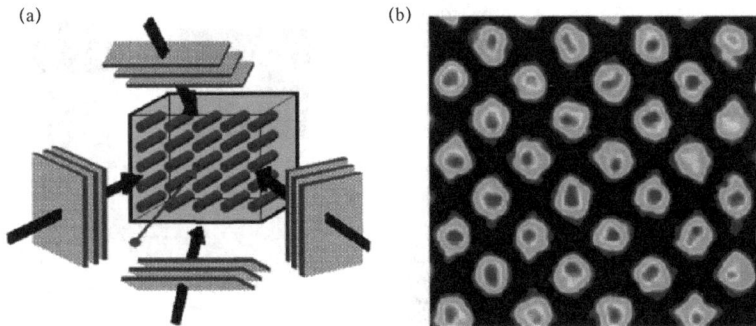

图 1.9 （a）产生非线性对称四方形光子格子的实验示意图，这里使用的是高
的非线性各向异性感光晶体，4 束干涉光形成光学格子结构；（b）实验观察
到的诱导波导阵列，每个波导直径约 7 μm，相邻波导间距为 11 μm[69]

1.4.2 激光直写波导

飞秒激光直写技术作为一项重要工具，被广泛应用于制造一维[71]或二
维[72,73]光学格子，为光子学研究和器件制造带来了显著进展，如图 1.10 所
示。这一技术的适用范围涵盖了多种材料，包括玻璃、晶体和聚合物等。通
过使用飞秒激光直写，不仅可以实现简单笔直的波导[74]，还能够创造出具有
任意路径的波导[75]。此外，通过平面波干涉，我们还能够实现动力学变化的光
学格子[76,77]。

飞秒激光直写的原理是将超短脉冲激光聚焦在透明材料中，使其在焦点处
发生非线性吸收，从而引发光学击穿现象，形成微等离子泡沫，并导致折射
率的局部变化。通过在样品上移动激光聚焦光斑，我们能够在材料中直接书
写出任意路径的波导，从而实现一维或二维光学格子的制备。石英玻璃作为
一个优越的材料，被广泛应用于激光直写波导（格子）的制造。在石英玻璃
中，折射率的局部改变取决于激光直写的速度，而随着速度的减小，折射率
改变的幅度会呈指数级增加。飞秒脉冲的使用不仅可以增加线性折射率，还有
助于减小非线性系数的影响。此外，值得注意的是，非线性强度相对于线性折
射率，对于直写速度的变化更为敏感，这为构建混合的线性-非线性光学格子
提供了可能性。

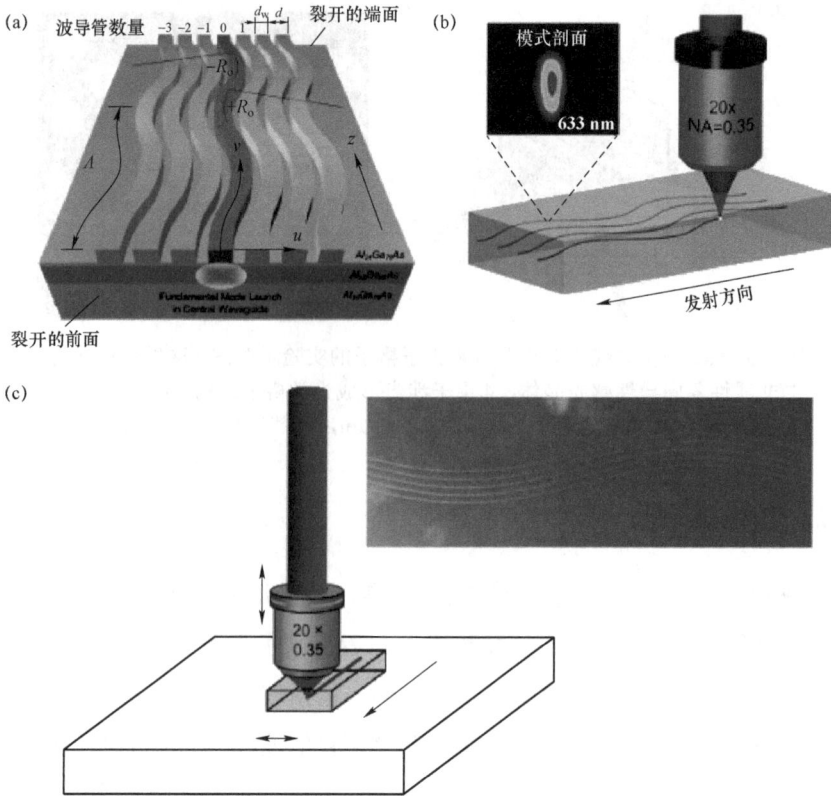

图 1.10 （a）周期弯曲波导阵列[64]；（b）飞秒激光直写装置示意图，插图为波导模式剖面[63]；（c）激光直写步骤以及正弦弯曲格子显微镜成像[78]

1.4.3 PT 对称光学格子在实验上的实现

从物理的角度来看，PT 对称光学格子在可见光波段（波长范围为 $0.5\ \mu m < \lambda_0 < 1.6\ \mu m$）内能够实现，通过周期性折射率的调制（$\Delta n_I^{max} \approx 10^{-3}$）提供最大的增益或损耗值，大约为 $g = -\alpha \approx 30\ cm^{-1}$，或者对于更小的折射率变化（$\Delta n_I^{max} \approx 5 \times 10^{-4}$）。这样的增益损耗系数可以通过利用量子阱激光或光折变结构的两波混频效应来获得[79,80]。在设计 PT 对称光学格子时，其折射率分布被表示为 $n(x) = n_R(x) + i n_I(x)$。在这里需要强调的是，为了实现 PT 对称光学格子，折射率剖面必须满足关于 x 的偶对称函数，而增益损耗分布则必须关于

x 是奇对称函数。设计符合这些对称性要求的折射率分布是实现 PT 对称性的关键。关于增益和损耗的引入过程，涉及利用量子阱激光和光折变结构通过两波混频效应的方法。这些方法的详细步骤和机制在此不再详述，但值得强调的是，这些技术的应用为实现 PT 对称光学格子的增益和损耗提供了有效手段。通过精细的设计和控制，我们能够在这一波长范围内构建出具有特定 PT 对称性的光学结构，为光学器件的性能和功能提供新的可能性。

1.5　研究线性和非线性光波特性的相关算法

鉴于 S. Longhi 将分数阶薛定谔方程引入光学领域，其对应的分数阶薛定谔方程形式为[5]

$$i\frac{\partial \psi}{\partial z} = \frac{1}{2}\left(-\frac{\partial^2}{\partial x^2}\right)^{\alpha/2}\psi - V(x)\psi。 \qquad (1\text{-}11)$$

我们研究分数阶效应下线性和非线性光波的传播动力学特性基于以下一般方程形式：

$$i\frac{\partial \psi}{\partial z} = \frac{1}{2}\left(-\frac{\partial^2}{\partial x^2}\right)^{\alpha/2}\psi + \sigma|\psi|^2\psi - V(x)\psi。 \qquad (1\text{-}12)$$

由于列维指数 α 的存在，分数阶薛定谔方程的求解同常规薛定谔求解有所不同。

1.5.1　分数阶薛定谔方程的线性特征值或特征模的求解方法

如方程（1-11）所示，这里分数阶衍射项与常规衍射项不同，因此在该项的处理上也有所区别。求解线性特征值的问题，这里我们提及两种方法。

1. 有限差分方法

我们设定线性模的数学表达形式为 $\Psi(x,z) = \phi(x)\exp(ibz)$，这里 $\phi(x)$ 为线性模的场分布，参数 b 为线性模对应的特征值。将该表达式代入方程（1-11）中，可以得到如下特征值方程：

$$b\phi = -\frac{1}{2}\left(-\frac{\partial^2}{\partial x^2}\right)^{\alpha/2}\phi + V(x)\phi。 \qquad (1\text{-}13)$$

将上述方程离散化，可以得到

$$b\phi^n = -\frac{1}{2}\left(-\frac{\partial^2}{\partial x^2}\right)^{\alpha/2}\phi^n + V^n\phi^n \text{。} \tag{1-14}$$

值得注意的是，分数阶导数的差分形式可以有多种，这里我们采用分数阶中心差分逼近涉及的 Riesz 分数阶导数[81]，其对应的形式为

$$K^n = -(-\Delta)^{\alpha/2}\phi_j^n = -\frac{1}{h^\alpha}\sum_{-M+j}^{j}c_\iota^{(\alpha)}\phi_{j-\iota}^n + o\left(h^2\right) = -\frac{1}{h^\alpha}\sum_{\iota=1}^{M-1}c_{j-\iota}^{(\alpha)}\phi_\iota^n + o\left(h^2\right), \tag{1-15}$$

其中，$c_\iota^{(\alpha)} = \dfrac{(-1)^\iota \Gamma(\alpha+1)}{\Gamma(\alpha/2-\iota+1)\Gamma(\alpha/2+\iota+1)}$。

2. 傅里叶谱收集方法

该方法在常规薛定谔方程中求解是非常有效的，具体思路和代码可详细查阅杨建科教授的书 *Nonlinear Waves in Integrable and Nonintegrable Systems*[82]。在这里，我们只需要对分数阶衍射项进行简单的处理即可。

1.5.2 分数阶薛定谔方程的孤子解求解方法

分数阶薛定谔方程在不同非线性形式以及不同晶格分布的情况下，有着不同的孤子解剖面。这里介绍两种求解孤子解（非线性光波）的方法。

1. 牛顿迭代方法求解非线性分数阶薛定谔方程

基于非线性方程（1-12），设定非线性分数阶薛定谔方程支持的非线性解的形式为 $\Psi(x,z) = \phi(x)\exp(ibz)$，这里 $\phi(x)$ 为非线性光波的场分布，b 为传播常数。将该表达式代入到方程（1-12）中，可以得到如下分数阶微分方程：

$$F(\phi) = -\frac{1}{2}\left(-\frac{\partial^2}{\partial x^2}\right)^{\alpha/2}\phi + V(x)\phi - b\phi - \sigma|\phi|^2\phi \text{。} \tag{1-16}$$

将上述方程进行离散化处理可得

$$F(\phi^n) = \frac{1}{2}K^n + V^n\phi^n - b\phi^n - \sigma|\phi^n|^2\phi^n, \tag{1-17}$$

并令矩阵 $J = \dfrac{\partial F(\phi^n)}{\partial \phi^n}$，因此，按照牛顿迭代的思想，我们可以得到

$$\phi_{m+1} = \phi_m - \frac{F(\phi_m)}{J(\phi_m)} \text{。} \tag{1-18}$$

当达到一定的收敛公差时，可得到分数阶薛定谔方程支持的非线性解。

2. 改进的平方算子迭代方法求解非线性分数阶薛定谔方程

改进的平方算子迭代方法也是一种常见的求解分数阶非线性薛定谔方程解的方法。一般非线性系统中孤子解满足

$$L_0\phi(x)=0,\tag{1-19}$$

这里，x 是空间变量，ϕ 是满足分数阶非线性薛定谔方程的孤子解。

我们用 L_1 表示上述方程下对 ϕ 的线性算子，则有

$$L_0(\phi+\tilde{\phi})=L_1\tilde{\phi}+o(\tilde{\phi}^2),\tilde{\phi}\ll 1,\tag{1-20}$$

此时，按照此方法的思想，我们能写出计算孤子解 ϕ 的迭代方程：

$$\phi_{n+1}=\phi_n-[M^{-1}L_1^{\dagger}M^{-1}L_0\phi-\alpha_n\langle G_n,L_1^{\dagger}M^{-1}L_0\phi\rangle]_{\phi=\phi_n},\tag{1-21}$$

这里，$(\cdot)^{\dagger}$ 为其哈密顿量，M 称为加速算子，$\alpha_n=\dfrac{1}{\langle MG_nG_n\rangle}-\dfrac{1}{\langle L_1G_nM_{-1}L_1G_n\rangle}$ 是一个可以指定的函数。

1.5.3 分数阶薛定谔方程中光孤子的传输方法

在确定了研究模型所支持的线性模、非线性光波族之后，探究并明确非线性光波（光孤子）的传播动力学特性也是至关重要的。对于分数阶非线性薛定谔方程的孤子解的传输，通常以获得的孤子解加随机噪声，并加吸收边界条件，来对光孤子进行传输。下面以逆谱法进行介绍。

具体而言，以方程（1-12）来进行说明，将方程在空间上进行描述，可表示为

$$u_{n,z}=-i\left(\frac{1}{2}\left(-\frac{\partial^2}{\partial x^2}\right)^{\alpha/2}u_n+\sigma|u_n|^2u_n-V(x)u_n\right),\tag{1.22}$$

这里，u_n 为格点 x_n 对应的解。逆谱法基本思想是用离散傅里叶变换来求 $\left(-\frac{\partial^2}{\partial x^2}\right)^{\alpha/2}u_n$，并利用一个合适的步长方案。

在一维系统中，$(-\Delta)^{\alpha/2}f$ 在谱空间可表示为 $\widehat{(-\Delta)^{\alpha/2}f}(k)=|k|^{\alpha}\widehat{f(k)}$，这里 k 是波数。当 $\left(-\frac{\partial^2}{\partial x^2}\right)^{\alpha/2}u_n$ 获得后，我们就可以有效地应用龙格库塔方法对方程（1-12）进行传播模拟。

1.6 基于分数阶效应薛定谔方程光波特性研究概述

非线性薛定谔方程（nonlinear Schrödinger equations，NLSE）在众多实例中展现出了其支持多样的孤子族，其中很多源自光学领域的研究[83-90]。近年来，引入分数阶效应到 NLSE 中引起了人们的兴趣。最初，分数阶薛定谔方程作为量子力学模型被提出，起源于对通过列维飞行运动的粒子进行描述的费曼积分形式的推导[91-93]。这种分数阶效应引发了人们对量子力学中新颖现象的深入研究。在实验方面，分数阶线性薛定谔方程的实现已经在凝聚态物理[94,95]和光子学[5,96]中得到了报道，其中光学腔中的横向动力学被成功模拟。这一成果为探索分数阶效应的实验验证提供了坚实的基础。参考文献[32]中提出了一种实现光束传播动力学的方法，该动力学受到分数阶薛定谔方程的支配。随后，研究者们在光学系统中进一步扩展了这一理论，考虑了复杂的势能模型，并满足了宇称-时间（PT）对称性条件[97,98]。总的来说，通过线性和非线性分数阶薛定谔方程对光学系统进行建模，可以被看作是创造人工光子介质的一种特定方式，为研究分数阶效应在光学领域的应用和实验验证提供了有力的支持。

连续波的调制不稳定性[99]和分数 NLSE（非线性薛定谔方程）产生的许多类型的光孤子[100-130]已经在理论上进行了研究，主要是通过数值方法。其中包括准线性模式[102,103]、由空间周期性（晶格）势支持的间隙孤子[108-118]、孤立涡旋[113,114]、多极和多峰孤子[115-118]、孤子团簇[119]、具有自发破缺对称性的孤立态[98,122]，以及光耦合器中的孤子[125,126]。分数阶 Ginzburg-Landau 方程（CGLE）中的耗散性孤子也得到了研究[122]。

一维（1D）分数 NLSE 模型的基本形式，针对光场的振幅 Ψ，如下所示：

$$i\frac{\partial \psi}{\partial z} = \frac{1}{2}\left(-\frac{\partial^2}{\partial x^2}\right)^{\alpha/2}\psi - g|\psi|^2\psi + V(x)\psi。 \tag{1-23}$$

在这里，z 和 x 分别表示缩放后的传播距离和横向坐标；$g > 0(g < 0)$ 代表聚焦（散焦）的三次（克尔）非线性系数；$V(x)$ 是可能包含在模型中的束缚势能（或光学晶格）。具有列维指数 α（在原始的分数薛定谔方程中，它表征了量子粒子的跃迁运动[91]）的分数衍射算子通过直接和逆傅里叶变换来定义[5,91,92,94,95,127]：

$$\left(-\frac{\partial^2}{\partial x^2}\right)^{\alpha/2}\psi = \frac{1}{2\pi}\int_{-\infty}^{+\infty}\mathrm{d}p|p|^{\alpha}\int_{-\infty}^{+\infty}\mathrm{d}\xi e^{ip(x-\xi)}\Psi(\xi)\text{。} \tag{1-24}$$

特别地，上面提及的光学腔中镜子、透镜和相位掩模等在光学上可以实现上述算子近似的有效分数阶衍射。

方程（1-23）中的列维指数满足下列关系式：

$$1 < \alpha \leq 2\text{。} \tag{1-25}$$

其中，$\alpha = 2.0$ 对应正常的旁轴衍射，对应的算子为 $-\partial^2/\partial x^2$。当 $g > 0$ 时，方程（1-23）会在 $\alpha = 1$ 处引起临界崩塌，且在 $\alpha < 1$ 处引起超临界崩塌，这会使所有可能的孤子解不稳定[105,121]。因此，通常只考虑 $\alpha > 1$ 的取值。

而对于二维的分数阶非线性薛定谔方程，则在空间上存在两个横向坐标，x 和 y，方程可以写为

$$i\frac{\partial\psi}{\partial z} = \frac{1}{2}\left(-\frac{\partial^2}{\partial x^2}-\frac{\partial^2}{\partial y^2}\right)^{\alpha/2}\psi - g|\psi|^2\psi + V(x,y)\psi\text{。} \tag{1-26}$$

类比方程（1-24），在二维系统中，分数阶算子可以定义为

$$\left(-\frac{\partial^2}{\partial x^2}-\frac{\partial^2}{\partial y^2}\right)^{\alpha/2}\psi = \frac{1}{(2\pi)^2}\int_{-\infty}^{+\infty}\mathrm{d}p\mathrm{d}q(p^2+q^2)^{\alpha/2}\int_{-\infty}^{+\infty}\mathrm{d}\xi\mathrm{d}\eta e^{i[p(x-\xi)+q(y-\eta)]}\Psi(\xi,\eta)\text{。} \tag{1-27}$$

1.7 本章参考文献

[1] HILFER R. Applications of fractional calculus in physics[M]. Singapore:World scientific, 2000.

[2] MILLER K S, ROSS B. An introduction to the fractional calculus and fractional differential equations[M]. New York:Wiley, 1993.

[3] MAINARDI F. Fractional calculus and waves in linear viscoelasticity:an introduction to mathematical models[M]. Singapore:World Scientific, 2022.

[4] TARASOV V E. Fractional dynamics: applications of fractional calculus to dynamics of particles, fields and media[M]. Berlin:Springer Science & Business Media, 2011.

[5] LONGHI S. Fractional Schrödinger equation in optics[J]. Optics letters, 2015, 40(6): 1117-1120.

[6] ZHANG Y, ZHONG H, BELIĆ M R, et al. Diffraction-free beams in fractional Schrödinger equation[J]. Scientific Reports, 2016, 6(1): 23645.

[7] LIU S, ZHANG Y, MALOMED B A, et al. Experimental realisations of the fractional Schrödinger equation in the temporal domain[J]. Nature Communications, 2023, 14(1): 222.

[8] CHRISTODOULIDES D N, LEDERER F, SILBERBERG Y. Discretizing light behaviour in linear and nonlinear waveguide lattices[J]. Nature, 2003, 424(6950): 817-823.

[9] FLEISCHER J W, SEGEV M, EFREMIDIS N K, et al. Observation of two-dimensional discrete solitons in optically induced nonlinear photonic lattices [J]. Nature, 2003, 422(6928): 147-150.

[10] ANDERSON P W. Absence of diffusion in certain random lattices[J]. Physical review, 1958, 109(5): 1492.

[11] GHULINYAN M. One-dimensional photonic quasicrystals[J]. Physics optics, 2015, 10(5): 99-119.

[12] DOUADY S, COUDER Y. Phyllotaxis as a dynamical self organizing process part I:the spiral modes resulting from time-periodic iterations[J]. Journal of theoretical biology, 1996, 178(3): 255-273.

[13] SHIPMAN P D, NEWELL A C. Phyllotactic patterns on plants[J]. Physical review letters, 2004, 92(16): 168102.

[14] HATTORI T, TSURUMACHI N, KAWATO S, et al. Photonic dispersion relation in a one-dimensional quasicrystal[J]. Physical Review B, 1994, 50(6): 4220.

[15] SAKAGUCHI H, MALOMED B A. Gap solitons in quasiperiodic optical lattices[J]. Physical Review E, 2006, 74(2): 026601.

[16] HANG C, KARTASHOV Y V, HUANG G, et al. Localization of light in a

parity-time-symmetric quasi-periodic lattice[J]. Optics letters, 2015, 40(12): 2758-2761.

[17] LAI Y, ZHANG Z, CHAN C, et al. Gap structures and wave functions of classical waves in large-sized two-dimensional quasiperiodic structures[J]. Physical Review B, 2006, 74(5): 054305.

[18] XIE P, ZHANG Z Q, ZHANG X. Gap solitons and soliton trains in finite-sized two-dimensional periodic and quasiperiodic photonic crystals[J]. Physical Review E, 2003, 67(2): 026607.

[19] LAHINI Y, PUGATCH R, POZZI F, et al. Observation of a localization transition in quasiperiodic photonic lattices[J]. Physical review letters, 2009, 103(1): 013901.

[20] GELLERMANN W, KOHMOTO M, SUTHERLAND B, et al. Localization of light waves in Fibonacci dielectric multilayers[J]. Physical review letters, 1994, 72(5): 633.

[21] ROATI G, D'ERRICO C, FALLANI L, et al. Anderson localization of a non-interacting Bose-Einstein condensate[J]. Nature, 2008, 453(7197): 895-898.

[22] GUIDONI L, TRICHÉ C, VERKERK P, et al. Quasiperiodic optical lattices[J]. Physical review letters, 1997, 79(18): 3363.

[23] BENDER C M, BOETTCHER S. Real spectra in non-Hermitian Hamiltonians having P T symmetry[J]. Physical review letters, 1998, 80(24): 5243.

[24] BENDER C M, BOETTCHER S, MEISINGER P N. PT-symmetric quantum mechanics[J]. Journal of Mathematical Physics, 1999, 40(5): 2201-2229.

[25] BENDER C M. Making sense of non-Hermitian Hamiltonians[J]. Reports on Progress in Physics, 2007, 70(6): 947.

[26] HUANG C, YE F, KARTASHOV Y V, et al. PT symmetry in optics beyond the paraxial approximation[J]. Optics Letters, 2014, 39(18): 5443-5446.

[27] EL-GANAINY R, MAKRIS K, CHRISTODOULIDES D, et al. Theory of

coupled optical PT-symmetric structures[J]. Optics letters, 2007, 32(17): 2632-2634.

[28] AHMED Z. Real and complex discrete eigenvalues in an exactly solvable one-dimensional complex PT-invariant potential[J]. Physics Letters A, 2001, 282(6): 343-348.

[29] GUO A, SALAMO G, DUCHESNE D, et al. Observation of P T-symmetry breaking in complex optical potentials[J]. Physical review letters, 2009, 103(9): 093902.

[30] RÜTER C E, MAKRIS K G, EL-GANAINY R, et al. Observation of parity-time symmetry in optics[J]. Nature physics, 2010, 6(3): 192-195.

[31] MAKRIS K G, EL-GANAINY R, CHRISTODOULIDES D, et al. Beam dynamics in PT symmetric optical lattices[J]. Physical Review Letters, 2008, 100(10): 103904.

[32] LONGHI S. Bloch oscillations in complex crystals with PT symmetry[J]. Physical review letters, 2009, 103(12): 123601.

[33] MUSSLIMANI Z, MAKRIS K G, EL-GANAINY R, et al. Optical solitons in PT periodic potentials[J]. Physical Review Letters, 2008, 100(3): 030402.

[34] RAMEZANI H, KOTTOS T, EL-GANAINY R, et al. Unidirectional nonlinear PT-symmetric optical structures[J]. Physical Review A, 2010, 82(4): 043803.

[35] SUKHORUKOV A A, XU Z, KIVSHAR Y S. Nonlinear suppression of time reversals in PT-symmetric optical couplers[J]. Physical Review A, 2010, 82(4): 043818.

[36] DRIBEN R, MALOMED B A. Stability of solitons in parity-time-symmetric couplers[J]. Optics Letters, 2011, 36(22): 4323-4325.

[37] ABDULLAEV F K, KONOTOP V, ÖGREN M, et al. Zeno effect and switching of solitons in nonlinear couplers[J]. Optics letters, 2011, 36(23): 4566-4568.

[38] ALEXEEVA N, BARASHENKOV I, SUKHORUKOV A A, et al. Optical solitons in PT-symmetric nonlinear couplers with gain and loss[J]. Physical Review A, 2012, 85(6): 063837.

[39] BARASHENKOV I, SUCHKOV S V, SUKHORUKOV A A, et al. Breathers in PT-symmetric optical couplers[J]. Physical Review A, 2012, 86(5): 053809.

[40] BARASHENKOV I. Hamiltonian formulation of the standard PT-symmetric nonlinear Schrödinger dimer[J]. Physical Review A, 2014, 90(4): 045802.

[41] LI K, KEVREKIDIS P. PT-symmetric oligomers:Analytical solutions, linear stability, and nonlinear dynamics[J]. Physical Review E, 2011, 83(6): 066608.

[42] ZEZYULIN D, KONOTOP V. Nonlinear Modes in Finite-Dimensional PT-Symmetric Systems[J]. Physical Review Letters, 2012, 108(21): 213906.

[43] BARASHENKOV I, BAKER L, ALEXEEVA N. PT-symmetry breaking in a necklace of coupled optical waveguides[J]. Physical Review A, 2013, 87(3): 033819.

[44] LEYKAM D, KONOTOP V V, DESYATNIKOV A S. Discrete vortex solitons and parity time symmetry[J]. Optics Letters, 2013, 38(3): 371-373.

[45] ABDULLAEV F K, KARTASHOV Y V, KONOTOP V V, et al. Solitons in PT-symmetric nonlinear lattices[J]. Physical Review A, 2011, 83(4): 041805.

[46] ZEZYULIN D, KARTASHOV Y, KONOTOP V. Stability of solitons in PT-symmetric nonlinear potentials[J]. Europhysics Letters, 2011, 96(6): 64003.

[47] MIROSHNICHENKO A E, MALOMED B A, KIVSHAR Y S. Nonlinearly PT-symmetric systems: spontaneous symmetry breaking and transmission resonances[J]. Physical Review A, 2011, 84(1): 012123.

[48] ZHU X, WANG H, ZHENG L X, et al. Gap solitons in parity-time complex periodic optical lattices with the real part of superlattices[J]. Optics letters, 2011, 36(14): 2680-2682.

[49] SHI Z, JIANG X, ZHU X, et al. Bright spatial solitons in defocusing Kerr media with PT-symmetric potentials[J]. Physical review A, 2011, 84(5): 053855.

[50] NIXON S, GE L, YANG J. Stability analysis for solitons in PT-symmetric optical lattices[J]. Physical Review A, 2012, 85(2): 023822.

[51] LI C, HUANG C, LIU H, et al. Multipeaked gap solitons in PT-symmetric optical lattices[J]. Optics Letters, 2012, 37(21): 4543-4545.

[52] KARTASHOV Y V. Vector solitons in parity-time-symmetric lattices[J]. Optics Letters, 2013, 38(14): 2600-2603.

[53] LI H, ZHU X, SHI Z, et al. Bulk vortices and half-vortex surface modes in parity-time-symmetric media[J]. Physical Review A, 2014, 89(5): 053811.

[54] WANG II, SHI S, REN X, et al. Two-dimensional solitons in triangular photonic lattices with parity-time symmetry[J]. Optics Communications, 2015, 335: 146-152.

[55] HE Y, ZHU X, MIHALACHE D, et al. Lattice solitons in PT-symmetric mixed linear-nonlinear optical lattices[J]. Physical Review A, 2012, 85(1): 013831.

[56] KARTASHOV Y V, VYSLOUKH V A, TORNER L. Soliton shape and mobility control in optical lattices[J]. Progress in Optics, 2009, 52:63-148.

[57] ABLOWITZ M J, MUSSLIMANI Z H. discrete diffraction managed spatial solitons[J]. Physical Review Letters, 2001, 87(25): 254102.

[58] LONGHI S, STALIUNAS K. Self-collimation and self-imaging effects in modulated waveguide arrays[J]. Optics communications, 2008, 281(17): 4343-4347.

[59] PERTSCH T, PESCHEL U, LEDERER F. Discrete solitons in inhomogeneous waveguide arrays[J]. Chaos:An Interdisciplinary Journal of Nonlinear Science, 2003, 13(2): 744-753.

[60] KARTASHOV Y V, TORNER L, VYSLOUKH V A. Parametric amplification of soliton steering in optical lattices[J]. Optics letters, 2004, 29(10): 1102-1104.

[61] LONGHI S. Self-imaging and modulational instability in an array of periodically curved waveguides[J]. Optics letters, 2005, 30(16): 2137-2139.

[62] LONGHI S, MARANGONI M, LOBINO M, et al. Observation of dynamic localization in periodically curved waveguide arrays[J]. Physical review letters, 2006, 96(24): 243901.

[63] SZAMEIT A, GARANOVICH I L, HEINRICH M, et al. Observation of defect-free surface modes in optical waveguide arrays[J]. Physical review letters, 2008, 101(20): 203902.

[64] IYER R, AITCHISON J S, WAN J, et al. Exact dynamic localization in curved AlGaAs optical waveguide arrays[J]. Optics express, 2007, 15(6): 3212-3223.

[65] FRATALOCCHI A, ASSANTO G. Light propagation through a nonlinear defect:symmetry breaking and controlled soliton emission[J]. Optics letters, 2006, 31(10): 1489-1491.

[66] KARTASHOV Y V, VYSLOUKH V A, TORNER L. Resonant mode oscillations in modulated waveguiding structures[J]. Physical review letters, 2007, 99(23): 233903.

[67] LEDERER F, STEGEMAN G I, CHRISTODOULIDES D N, et al. Discrete solitons in optics[J]. Physics Reports, 2008, 463(1-3): 1-126.

[68] EFREMIDIS N K, SEARS S, CHRISTODOULIDES D N, et al. Discrete solitons in photorefractive optically induced photonic lattices[J]. Physical Review E, 2002, 66(4): 046602.

[69] FLEISCHER J W, CARMON T, SEGEV M, et al. Observation of discrete solitons in optically induced real time waveguide arrays[J]. Physical review letters, 2003, 90(2): 023902.

[70] ROSBERG C R, NESHEV D N, SUKHORUKOV A A, et al. Observation of nonlinear self-trapping in triangular photonic lattices[J]. Optics letters, 2007, 32(4): 397-399.

[71] SZAMEIT A, BLÖMER D, BURGHOFF J, et al. Discrete nonlinear localization in femtosecond laser written waveguides in fused silica[J]. Optics express, 2005, 13(26): 10552-10557.

[72] SZAMEIT A, BLÖMER D, BURGHOFF J, et al. Hexagonal waveguide arrays written with fs-laser pulses[J]. Applied Physics B, 2006, 82: 507-512.

[73] SZAMEIT A, BURGHOFF J, PERTSCH T, et al. Two-dimensional soliton in cubic fs laser written waveguide arrays in fused silica[J]. Optics express, 2006, 14(13): 6055-6062.

[74] BLÖMER D, SZAMEIT A, DREISOW F, et al. Nonlinear refractive index of fs-laser-written waveguides in fused silica[J]. Optics express, 2006, 14(6): 2151-2157.

[75] NOLTE S, WILL M, BURGHOFF J, et al. Ultrafast laser processing:new options for three-dimensional photonic structures[J]. Journal of Modern Optics, 2004, 51(16-18): 2533-2542.

[76] KARTASHOV Y V, TORNER L, CHRISTODOULIDES D N. Soliton dragging by dynamic optical lattices[J]. Optics letters, 2005, 30(11): 1378-1380.

[77] ROSBERG C R, GARANOVICH I L, SUKHORUKOV A A, et al. Demonstration of all-optical beam steering in modulated photonic lattices[J]. Optics letters, 2006, 31(10): 1498-1500.

[78] DREISOW F, HEINRICH M, SZAMEIT A, et al. Spectral resolved dynamic localization in curved fs laser written waveguide arrays[J]. Optics express, 2008, 16(5): 3474-3483.

[79] KIP D, KRÄTZIG E. Anisotropic four-wave mixing in planar LiNbO 3 optical waveguides[J]. Optics letters, 1992, 17(22): 1563-1565.

[80] KIP D. Photorefractive waveguides in oxide crystals:fabrication, properties, and applications[J]. Applied Physics B:Lasers & Optics, 1998, 67(2).

[81] 王鹏德. 分数阶 Schrödinger 方程和分数阶 Ginzburg-Landau 方程的高效差分方法[D]. 武汉：华中科技大学, 2016.

[82] YANG J. Nonlinear waves in integrable and nonintegrable systems[M]. Philadelphia:SIAM, 2010.

[83] KIVSHAR Y S, MALOMED B A. Dynamics of solitons in nearly integrable

systems[J]. Reviews of Modern Physics, 1989, 61(4): 763.

[84] MALOMED B A, MIHALACHE D, WISE F, et al. Spatiotemporal optical solitons[J]. J. Opt. B:Quantum Semiclass. Opt, 2005, 7(5): 53.

[85] KARTASHOV Y V, MALOMED B A, TORNER L. Solitons in nonlinear lattices[J]. Reviews of Modern Physics, 2011, 83(1): 247.

[86] CHEN Z, SEGEV M, CHRISTODOULIDES D N. Optical spatial solitons: historical overview and recent advances[J]. Reports on Progress in Physics, 2012, 75(8): 086401.

[87] MALOMED B A. Multidimensional solitons: well-established results and novel findings[J]. The European Physical Journal Special Topics, 2016, 225(13-14): 2507-2532.

[88] KARTASHOV Y V, ASTRAKHARCHIK G E, MALOMED B A, et al. Frontiers in multidimensional self-trapping of nonlinear fields and matter[J]. Nature Reviews Physics, 2019, 1(3): 185-197.

[89] MALOMED B A. Vortex solitons: old results and new perspectives[J]. Physica D:Nonlinear Phenomena, 2019, 399:108-137.

[90] MIHALACHE D. Multidimensional localized structures in optical and matter-wave media:a topical survey of recent literature[J]. Rom. Rep. Phys, 2017, 69(1): 403.

[91] LASKIN N. Fractional quantum mechanics and Lévy path integrals[J]. Physics Letters A, 2000, 268(4-6): 298-305.

[92] LASKIN N. Fractional quantum mechanics[J]. Physical Review E, 2000, 62(3): 3135.

[93] LASKIN N. Fractional schrödinger equation[J]. Physical Review E, 2002, 66(5): 056108.

[94] PINSKER F, BAO W, ZHANG Y, et al. Fractional quantum mechanics in polariton condensates with velocity-dependent mass[J]. Physical Review B, 2015, 92(19): 195310.

[95] STICKLER B. Potential condensed-matter realization of space-fractional

quantum mechanics: the one-dimensional Lévy crystal[J]. Physical Review E, 2013, 88(1): 012120.

[96] ZHANG Y, LIU X, BELIĆ M R, et al. Propagation dynamics of a light beam in a fractional Schrödinger equation[J]. Physical review letters, 2015, 115(18): 180403.

[97] ZHANG Y, ZHONG H, BELIĆ M R, et al. PT symmetry in a fractional Schrödinger equation[J]. Laser & Photonics Reviews, 2016, 10(3): 526-531.

[98] LI P, MALOMED B A, MIHALACHE D. Symmetry-breaking bifurcations and ghost states in the fractional nonlinear Schrödinger equation with a PT-symmetric potential[J]. Optics Letters, 2021, 46(13): 3267-3270.

[99] ZHANG L, HE Z, CONTI C, et al. Modulational instability in fractional nonlinear Schrödinger equation[J]. Communications in Nonlinear Science and Numerical Simulation, 2017, 48:531-540.

[100] SECCHI S, SQUASSINA M. Soliton dynamics for fractional Schrödinger equations[J]. Applicable Analysis, 2014, 93(8): 1702-1729.

[101] DUO S, ZHANG Y. Mass-conservative Fourier spectral methods for solving the fractional nonlinear Schrödinger equation[J]. Computers & Mathematics with Applications, 2016, 71(11): 2257-2271.

[102] ZHONG W P, BELIĆ M R, MALOMED B A, et al. Spatiotemporal accessible solitons in fractional dimensions[J]. Physical Review E, 2016, 94(1): 012216.

[103] ZHONG W P, BELIĆ M, ZHANG Y. Accessible solitons of fractional dimension[J]. Annals of Physics, 2016, 368:110-116.

[104] HONG Y, SIRE Y. A new class of traveling solitons for cubic fractional nonlinear Schrödinger equations[J]. Nonlinearity, 2017, 30(4): 1262.

[105] CHEN M, ZENG S, LU D, et al. Optical solitons, self-focusing, and wave collapse in a space-fractional Schrödinger equation with a Kerr-type nonlinearity[J]. Physical Review E, 2018, 98(2): 022211.

[106] WANG Q, LI J, ZHANG L, et al. Hermite-gaussian-like soliton in the

nonlocal nonlinear fractional schrödinger equation[J]. Europhysics Letters, 2018, 122(6): 64001.

[107] WANG Q, DENG Z. Elliptic solitons in $(1+2)$-dimensional anisotropic nonlocal nonlinear fractional Schrödinger equation[J]. IEEE Photonics Journal, 2019, 11(4): 1-8.

[108] HUANG C, DONG L. Gap solitons in the nonlinear fractional Schrödinger equation with an optical lattice[J]. Optics Letters, 2016, 41(24): 5636-5639.

[109] XIAO J, TIAN Z, HUANG C, et al. Surface gap solitons in a nonlinear fractional Schrödinger equation[J]. Optics Express, 2018, 26(3): 2650-2658.

[110] ZHANG L, ZHANG X, WU H, et al. Anomalous interaction of Airy beams in the fractional nonlinear Schrödinger equation[J]. Optics Express, 2019, 27(20): 27936-27945.

[111] DONG L, TIAN Z. Truncated-Bloch-wave solitons in nonlinear fractional periodic systems[J]. Annals of Physics, 2019(404): 57-65.

[112] ZENG L, ZENG J. One-dimensional gap solitons in quintic and cubic-quintic fractional nonlinear Schrödinger equations with a periodically modulated linear potential[J]. Nonlinear Dynamics, 2019(98): 985-995.

[113] LI P, MALOMED B A, MIHALACHE D. Vortex solitons in fractional nonlinear Schrödinger equation with the cubic-quintic nonlinearity[J]. Chaos, Solitons & Fractals, 2020(137): 109783.

[114] WANG Q, LIANG G. Vortex and cluster solitons in nonlocal nonlinear fractional Schrödinger equation[J]. Journal of Optics, 2020, 22(5): 055501.

[115] ZENG L, ZENG J. One-dimensional solitons in fractional Schrödinger equation with a spatially periodical modulated nonlinearity:nonlinear lattice[J]. Optics Letters, 2019, 44(11): 2661-2664.

[116] QIU Y, MALOMED B A, MIHALACHE D, et al. Stabilization of single-and multi-peak solitons in the fractional nonlinear Schrödinger equation with a trapping potential[J]. Chaos, Solitons & Fractals, 2020(140): 110222.

[117] LI P, MALOMED B A, MIHALACHE D. Metastable soliton necklaces

supported by fractional diffraction and competing nonlinearities[J]. Optics Express, 2020, 28(23): 34472-34488.

[118] ZENG L, MIHALACHE D, MALOMED B A, et al. Families of fundamental and multipole solitons in a cubic-quintic nonlinear lattice in fractional dimension[J]. Chaos, Solitons & Fractals, 2021(144): 110589.

[119] ZENG L, ZENG J. Preventing critical collapse of higher-order solitons by tailoring unconventional optical diffraction and nonlinearities[J]. Communications Physics, 2020, 3(1): 26.

[120] MOLINA M I. The two-dimensional fractional discrete nonlinear Schrödinger equation[J]. Physics Letters A, 2020, 384(33): 126835.

[121] QIU Y, MALOMED B A, MIHALACHE D, et al. Soliton dynamics in a fractional complex Ginzburg-Landau model[J]. Chaos, Solitons & Fractals, 2020(131): 109471.

[122] LI P, LI J, HAN B, et al. PT-symmetric optical modes and spontaneous symmetry breaking in the space-fractional Schrödinger equation[J]. Rom. Rep. Phys, 2019, 71(2): 106.

[123] LI P, DAI C. Double loops and pitchfork symmetry breaking bifurcations of optical solitons in nonlinear fractional Schrödinger equation with competing cubic-quintic nonlinearities[J]. Annalen der Physik, 2020, 532(8): 2000048.

[124] LI P, MALOMED B A, MIHALACHE D. Symmetry breaking of spatial Kerr solitons in fractional dimension[J]. Chaos, Solitons & Fractals, 2020(132): 109602.

[125] ZENG L, ZENG J. Fractional quantum couplers[J]. Chaos, Solitons & Fractals, 2020(140): 110271.

[126] ZENG L, SHI J, LU X, et al. Stable and oscillating solitons of PT-symmetric couplers with gain and loss in fractional dimension[J]. Nonlinear Dynamics, 2021, 103(2): 1831-1840.

[127] CAI M, LI C. On Riesz derivative[J]. Fractional Calculus and applied analysis, 2019, 22(2): 287-301.

[128] PETROV D, ASTRAKHARCHIK G. Ultradilute low-dimensional liquids[J]. Physical review letters, 2016, 117(10): 100401.

[129] ZENG L, ZHU Y, MALOMED B A, et al. Quadratic fractional solitons[J]. Chaos, Solitons & Fractals, 2022(154): 111586.

[130] LI P, LI R, DAI C. Existence, symmetry breaking bifurcation and stability of two-dimensional optical solitons supported by fractional diffraction[J]. Optics Express, 2021, 29(3): 3193-3210.

第 2 章
基于分数阶效应研究光学带隙孤子

2.1 引　言

分数阶效应已经在物理学的各个领域被考虑[1-4]，如分数量子霍尔效应①、分数泰伯效应②、分数约瑟夫逊效应等。分数薛定谔方程最早由 Laskin 提出[5-7]：在数学形式上，它是标准薛定谔方程的推广，表征为二阶空间导数用分数阶导数替换；在物理意义上，它描述了当费曼路径积分中的布朗轨迹被列维飞行替代时的物理现象，对分数场理论和分数自旋粒子动力学也产生一些新见解[8]。

近年来，基于分数阶薛定谔方程的相关理论研究主要集中在数学领域中简单势的波包行为[9-11]。由动力学算符的非局部性质引起的微妙问题相继被关注[12]。在 2015 年，Longhi 首次将分数阶薛定谔方程引入到光学领域，并设计了一种可以光学实现分数阶量子谐振子的方案[13]。

将分数阶薛定谔方程推广到光学中是非常重要的，因为光学平台可以为实现和实验测试分数阶薛定谔方程相关现象提供宽广的途径。它也为探索光场的

---

① 分数量子霍尔效应：英文为 fractional quantum Hall effect，是一种物理现象，指的是二维电子气体的霍尔传导率在 e^2/h 分数值时会出现准确量子化的平线区。它是一种集体态的特性，在这种集体态里，电子把磁通量线束缚在一起，形成新的准粒子、有着分数化基本电荷的新激发态，并且有可能出现分数统计。1998年的诺贝尔物理学奖就是因为对分数量子霍尔效应的发现与解释而授予罗伯特·劳夫林、霍斯特·施特默和崔琦三人的。

② 泰伯效应：又叫作衍射自成像效应，是指当一束单色平面光照射一个光栅时在光栅后的一定距离处出现光栅自身的像。

34

线性和非线性动力学提供了更丰富的可能性，包括光束衍射特性的管理和控制（即空间光谱分量的相位）以及稳定的非线性状态（孤子）的形成。

　　基于 Longhi 关于分数阶薛定谔方程的光学方案的提出，在分数阶效应下，光束传播在不同的结构中被研究，一些有趣的线性[14-18]和非线性[19]特性被揭示。具体的例子包括：啁啾高斯光束传播[14]、PT 对称晶格中光束传播[15]、无衍射光束[16]、谐振子势中的线性模捕获[17,18]以及超高斯光束传播[19]。这些线性和非线性研究的发展在一定程度上依赖于分数阶微积分的进展[8,20,21]。

　　虽然现在广泛知道，在存在或不存在折射率调制的非线性薛定谔方程中都存在空间孤子，但在具有光学晶格的非线性分数阶薛定谔方程中，稳定局域孤子的存在性仍然是一个有待解决的问题[22-24]。在该项工作报道之前，在光学领域，仅有深圳大学章礼福老师报道了关于无外势的非线性分数阶薛定谔方程中的超高斯光束传播特性。因此，研究具有周期光学晶格的非线性分数阶薛定谔方程中局域孤子的动力学特性非常有意义。

2.2　理论模型

　　具有分数阶衍射效应的近轴光束在横向光子晶格的克尔介质中传播，其对应的场振幅 ψ 特性可由非线性分数阶薛定谔描述[11]：

$$i\frac{\partial \psi}{\partial z} = \frac{1}{2}\left(-\frac{\partial^2}{\partial x^2}\right)^{\alpha/2}\psi + \sigma|\psi|^2\psi - V(x)\psi\,. \tag{2-1}$$

这里，横坐标 x 和纵坐标 z 分别正比于光束宽度 x_0 和瑞利长度 $L_{\mathrm{diff}} = kx_0^{\alpha}$，$k = 2\pi/\lambda$ 为波数。$\left(-\dfrac{\partial^2}{\partial x^2}\right)^{\alpha/2}$ 为分数拉布拉斯算子，$1 < \alpha \leqslant 2$ 为列维指数。当 $\alpha = 2$ 时，方程（2-1）退化成为常规的非线性薛定谔方程。$\sigma = -1$ 和 $+1$ 分别表示自聚焦非线性和自散焦非线性。$V(x) = p[1 - \cos(\Omega x)]$ 为周期格子的表达式，其对应折射率调制分布情况，这里 p 为格子深度，$\Omega = 2\pi/T$ 为周期格子的调制频率。

　　方程（2-1）对应的静态非线性模形式为 $\Psi(x,z) = w(x)\exp(ibz)$。其中，$w(x)$ 为场分布，b 为传播常数。将上述形式代入方程（2-1）中，我们可以得到下列非线性分数阶差分方程：

$$\frac{1}{2}\left(-\frac{\partial^2}{\partial x^2}\right)^{\alpha/2} w + \sigma |w|^2 w - V(x)w + bw = 0 。 \tag{2-2}$$

通过求解方程（2-2），孤子剖面 $w(x)$ 能够通过数值获得[25]。孤子的能量和形式因子①分别定义为 $U = \int_{-\infty}^{+\infty} |w(x)|^2 \, dx$ 和 $\chi = U^{-2} \int_{-\infty}^{+\infty} |w(x)|^4 \, dx$。

鉴于该光学结构折射率为周期分布，线性情况下该系统对应的 Floquet-Bloch 谱的求解对孤子存在区域的确定具有指导意义。基于 Bloch 理论，我们假设 $w(x) = \phi_k(x)\exp(ikx)$，并设定周期边界条件 $\phi_k(x) = \phi_k(x+T)$，且在第一布里渊区 $-\pi/T \leqslant k \leqslant +\pi/T$ 分析其对应的色散关系。在线性情况下，我们可以令方程（2-2）中的 $\sigma = 0$，并且我们将 $\phi(x)$ 和 $V(x)$ 进行平面波展开：$\phi_k(x) = \sum_n C_n \exp(iK_n x)$，$V(x) = \sum_m P_m \exp(iK_m x)$。其中，$K_n = 2\pi n/T$，$P_m = \frac{1}{T}\int_0^T V(x)\exp(-iK_m x)$。将表达式代入到方程（2-2）的线性版本中，我们能得到下列特征值方程：

$$-\frac{1}{2}|k+K_q|^\alpha C_q + \sum_m P_m C_{q-m} = bC_q 。 \tag{2-3}$$

根据上述方程，我们可以通过数值求得该周期结构对应的色散关系或能带谱图。

2.3 数值结果与讨论

对于确定的格子深度 $p = 5$，随着列维指数 α 变化，带隙结构图中明显地存在多个带隙。区别于常规薛定谔方程，我们发现第一个带隙的大小随着列维指数 α 的减小逐渐收缩。该特性表明在分数阶效应下的非线性模的存在区域相对于 $\alpha = 2$ 时要变窄很多。同时，对于确定的列维指数，如，带隙分布随着格子深度 p 增加逐渐展宽。对于非线性模的存在区域的研究，能带结构中 $k = 0$ 和 $k = \pi/T$ 对应的特征值和特征函数是我们重点关注的结果。在考虑分数阶效应的情况下，第一条能带曲线分布变得相对尖锐。鉴于我们考虑第一带隙中的带隙孤子特性，我们呈现了第一条带下边缘和第二条带上边缘对应的线性模分布

---

① 形式因子：用来表征线性模或非线性模宽度大小程度，其对应值的大小反比于模式的有效宽度。

情况。我们发现，随着 α 的减小，Bloch 模的宽度变窄。

　　在下面的讨论中，我们主要在自散焦和自聚焦克尔非线性情况下分析起源于图 2.1（d）中线性模的不同族非线性模的光学特性。首先，我们考虑自散焦非线性情况下（$\sigma = +1$）局域孤子解特性。该情况下非线性局域模分歧于第一条能带的下边缘线性模。这些非线性模具有一些有趣的特征，如：非线性模关于孤子中心对称分布；孤子峰随着列维指数减小逐渐增加；对于确定的列维指数，随着传播常数的增加，非线性模的剖面宽度和峰值逐渐增加。然而，对于自聚焦非线性（$\sigma = -1$），反对称孤子分歧于第二条能带的上边缘的奇对称 Bloch 模。同自散焦非线性情况相比，该类孤子随着列维指数的减小逐渐变窄。特别地，当列维指数 α 低于某个确定的值时，孤子的主要能量几乎被压缩在单个格子通道中。这一光学性质是非常重要的，因为它提供了在非线性聚焦时在有限间隙中观察稳定孤子的可能性。这里需要提及的是：在有限带隙中，稳定的非线性模在自聚焦非线性情况下是不易存在的。

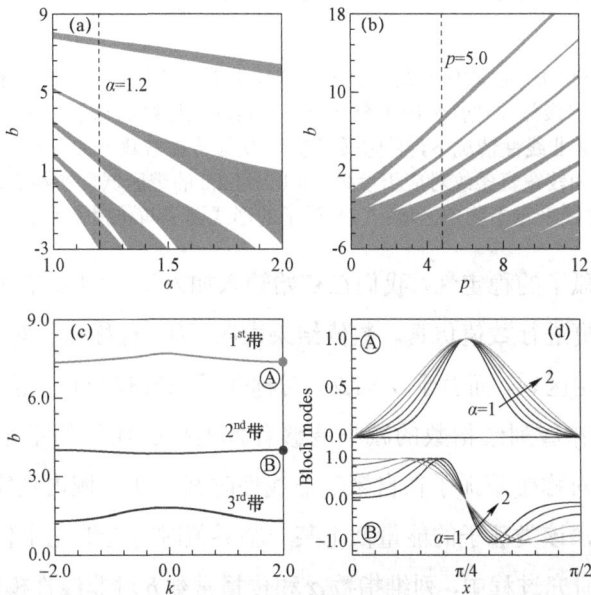

图 2.1　不同列维指数（a）和不同调制深度（b）情况下对应的能带结构；（c）列维指数 $\alpha = 1.2$ 对应的能带谱结构；（d）带边 $k = 2.0$ 对应的布洛赫模（Bloch modes）[26]

　　两类孤子解的存在区域严格地限制在第一个带隙中。不同列维指数时孤子的能量随传播常数变化曲线在图 2.2（e）中绘画。我们发现，在自散焦非线性情况下，孤子的能量随着传播常数的增加逐渐减小，而在自聚焦非线性情况下，孤子能量逐渐增加。孤子的能量曲线表明我们所研究的非线性模确实是分歧于能带边缘的线性布洛赫模。

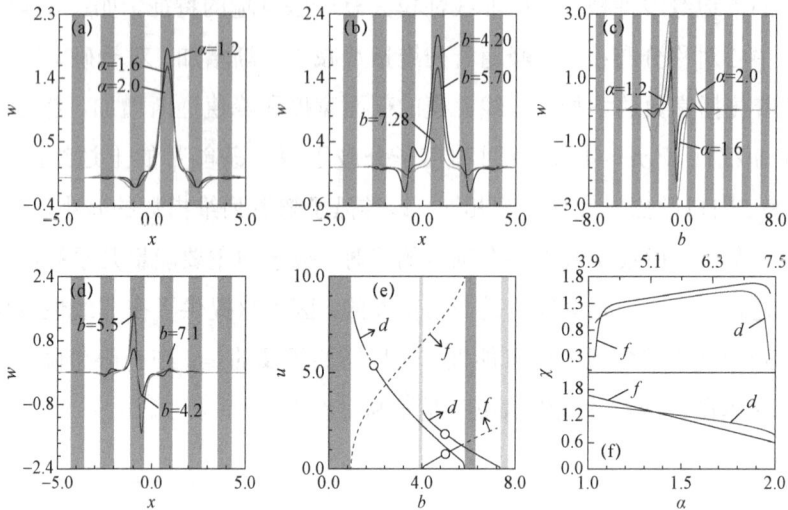

图 2.2 （a）（b）自散焦非线性情况下分歧于第一条带下边缘的孤子的剖面；（c）（d）自聚焦非线性情况下分歧于第二带的上边缘的孤子剖面；（e）自散焦和自聚焦非线性情况下，带隙孤子功率 U 与传播常数 b 的依赖关系，两组相对较窄和较宽直条纹对应于参数 $\alpha=1.2$ 和 2.0 的带区域，实线表示稳定区域，虚线表示不稳定区域；（f）孤子的形式因子与传播常数的关系[26]

为了研究孤子的稳定性，我们在初始输入加入噪声的情况下，对孤子解传输相当长的距离进行数值仿真。数值结果表明：① 对称孤子对于 $\alpha=2.0$ 存在一个窄的不稳定区域，而对于 $\alpha=1.2$，对称孤子在其整个存在区域内都是稳定的。该现象意味着列维指数的减小能够有效地抑制孤子的不稳定性。② 当 $\alpha=2.0$ 时，反对称带隙孤子在自聚焦非线性时其存在区域内是完全不稳定的。而对于 $\alpha=1.2$，该类孤子的能量低于某一临界值时将能够稳定传输。

在我们的研究过程中，列维指数 α 和传播常数 b 对非线性模的局域特性也有所考虑。分歧于带边的孤子随着传播常数 b 的增加逐渐展宽。从图 2.2（f）可见，当 b 接近于上/下带边时，孤子局域在多个格子通道中。随着 α 从数值 2 开始减小，确定传播常数的孤子在自聚焦和自散焦材料中变得越来越局域。通

过变化列维指数 α，孤子有效宽度得到压制是自聚焦非线性情况下稳定带隙孤子出现的物理原因，如图 2.2（e）所示。

除了上述提及的孤子，我们还发现了非线性束缚态。在自散焦中，图 2.3（a）和图 2.3（b）所示的奇偶对称孤子由第一条带的下边缘分歧的孤子单元按照同相或异相组成，如图 2.2（a）所示。它们对应的峰值局域在格子中心的两个相邻通道。对于 $\alpha=1.6$，中等功率的同相隙孤子在较宽的 b 范围内是稳定的，而对于 $\alpha=1.2$，同相孤子只有超过一定功率阈值之后才能稳定传输，如图 2.3（e）所示。异相孤子则在其存在区域内是完全不稳定的，如图 2.3（f）所示。

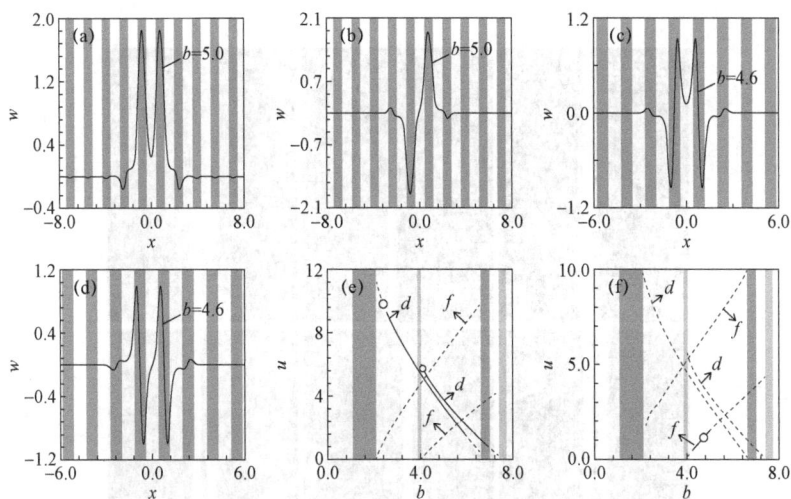

图 2.3　（a）（c）（e）同相位孤子单元组成的非线性束缚态；（b）（d）（f）异相位孤子单元组成的非线性束缚态。（a）（b）对应自散焦克尔非线性情况，（c）（d）对应自聚焦克尔非线性情况。（a）至（d）中，参数 $\alpha=1.2$。（e）（f）展示了自散焦和自聚焦非线性情况中对称和反对称孤子的功率 U 与传播常数 b 的依赖关系，两组相对较窄和较宽直条纹对应于参数 $\alpha=1.2$ 和 1.6 的带区域。实线表示稳定区域，虚线表示不稳定区域[26]

在自聚焦非线性中，图 2.3（c）和图 2.3（d）分别显示了由第二条带上边缘分歧的孤子单元按照同相或异相组成的孤子。我们发现同相的非线性态在其整个存在区域内都是不稳定的，如图 2.3（e）所示，而异相孤子对于 $\alpha=1.2$ 在其存在区域内有一个窄的稳定区域，如图 2.3（f）所示。该光学特性为自聚焦非线性情况下列维指数接近于 1 时存在稳定带隙孤子提供了有力证据。

带隙孤子在自散焦和自聚焦介质中的传播模拟如图 2.4 所示。对于 $\sigma=+1$，非线性薛定谔方程中的不稳定孤子在 $\alpha=1.2$ 的非线性分数阶薛定谔方程中变得完全稳定，如图 2.4（a）和图 2.4（b）所示。靠近第二条带上边缘同相束缚态在 $\alpha=1.6$ 时不稳定，如图 2.4（c）所示，但当 α 变为 1.2 时同相束缚态变为稳定，如图 2.4（d）所示。图 2.4（e）显示了带隙孤子在自聚焦介质中稳定传播的实例。值得注意的是，对于 $\sigma=-1$，同相束缚态是完全不稳定的，而异相非线性态在一个窄的存在参数窗口是稳定的，如图 2.3（e）、图 2.3（f）、图 2.4（f）所示。另外，我们也发现不稳定的孤子传播几百个衍射长度仍然没有明显的失真，这是足以进行实验观察的。

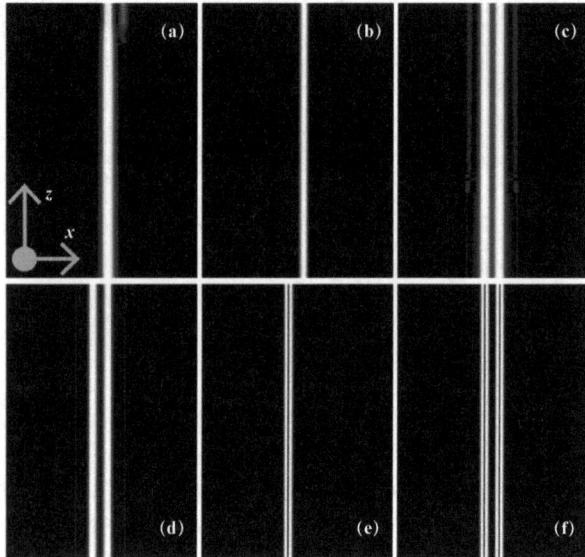

图 2.4　自散焦非线性〔图（a）~图（d）〕和自聚焦非线性〔图（e）、图（f）〕介质中带隙孤子的传播模拟[26]。对应的参数分别为：（a）$\alpha=2.0, b=1.9$；（b）$\alpha=1.2, b=5.0$；（c）$\alpha=1.6, b=2.4$；（d）$\alpha=1.2, b=4.1$；（e）$\alpha=1.2, b=5.0$；（f）$\alpha=1.2, b=4.7$

我们用调制的高斯光束作为初始入射光束来激励带隙孤子的鲁棒性。当列维指数较小时，即使在自聚焦非线性情况下，输入光束也会立即转变为稳定的带隙孤子。在该系统中，典型的传输例子如图 2.5 所示，其对应的初始输入条件为：$\sigma=-1$，$w=p_1\exp[-(x+\pi/4)^2/(\pi/10)^2]\sin(4x)+p_2\exp[-(x-\pi/4)^2/(\pi/10)^2]\sin(4x)$。

图 2.5 调制的高斯光束在聚焦非线性情况下激励产生带隙孤子[26]。
（a） $p_1 = 1.5, p_2 = 0$ ；（b） $p_1 = p_2 = 1.5$ 。 $x \in [-5, +5], z = 6\,400, \alpha = 1.08$

在上述的讨论中，我们关注的仅仅是分歧于线性布洛赫模的无阈值功率的孤子。与布洛赫模无关的纯非线性态，其形式为具有阈值功率的基本孤子和高阶孤子，包括多峰、多极孤子和孤子链，这些非线性态预计也会存在于带隙中。此外，我们的研究可以推广到两维的非线性分数薛定谔方程中，这时各类形式的两维带隙孤子能够被发现。

2.4　本章小结

在本章中，我们揭示了非线性自散焦分数阶薛定谔方程中支持的带隙孤子的存在和稳定特性。我们发现，列维指数可以有效地抑制格子的不稳定性。在自聚焦非线性介质中，从带边分歧的带隙孤子在第一带隙中被发现，且是稳定的，该特性在标准的非线性薛定谔方程中很少见。由自散焦非线性介质中同相位的孤子单元组成，和自聚焦非线性介质中的异相位非线性束缚态在适当条件下是稳定的。我们的研究结果为进一步深入理解非线性分数阶薛定谔方程中的格子孤子动力学奠定了较好的基础。

2.5　本章参考文献

[1] LAUGHLIN R B. Anomalous quantum Hall effect:an incompressible quantum fluid with fractionally charged excitations[J]. Physical Review Letters, 1983, 50(18): 1395.

[2] WEN J, ZHANG Y, XIAO M. The Talbot effect: recent advances in classical

optics, nonlinear optics, and quantum optics[J]. Advances in optics and photonics, 2013, 5(1): 83-130.

[3] ROKHINSON L P, LIU X, FURDYNA J K. The fractional ac Josephson effect in a semiconductor-superconductor nanowire as a signature of Majorana particles[J]. Nature Physics, 2012, 8(11): 795-799.

[4] OLIVAR-ROMERO F, ROSAS-ORTIZ O. Factorization of the quantum fractional oscillator;proceedings of the Journal of Physics:Conference Series, F, 2016[C]. IOP Publishing.

[5] LASKIN N. Fractional Schrödinger equation[J]. Physical Review E, 2002, 66(5): 056108.

[6] LASKIN N. Fractional quantum mechanics and Lévy path integrals[J]. Physics Letters A, 2000, 268(4-6): 298-305.

[7] LASKIN N. Fractional quantum mechanics[J]. Physical Review E, 2000, 62(3): 3135.

[8] HERRMANN R. Fractional calculus:an introduction for physicists[M]. Singapore: World Scientific, 2011.

[9] DONG J, XU M. Some solutions to the space fractional Schrödinger equation using momentum representation method[J]. Journal of mathematical physics, 2007, 48(7): 072105.

[10] ŻABA M, GARBACZEWSKI P. Solving fractional Schrödinger-type spectral problems:Cauchy oscillator and Cauchy well[J]. Journal of Mathematical Physics, 2014, 55(9): 092103.

[11] GUO B, HUANG D. Existence and stability of standing waves for nonlinear fractional Schrödinger equations[J]. Journal of Mathematical Physics, 2012, 53(8): 083702.

[12] LUCHKO Y. Fractional Schrödinger equation for a particle moving in a potential well[J]. Journal of Mathematical Physics, 2013, 54(1): 012111.

[13] LONGHI S. Fractional Schrödinger equation in optics[J]. Optics letters, 2015, 40(6): 1117-1120.

[14] ZHANG Y, LIU X, BELIĆ M R, et al. Propagation dynamics of a light beam in a fractional Schrödinger equation[J]. Physical review letters, 2015, 115(18): 180403.

[15] ZHANG Y, ZHONG H, BELIĆ M R, et al. PT symmetry in a fractional Schrödinger equation[J]. Laser & Photonics Reviews, 2016, 10(3): 526-531.

[16] ZHANG Y, ZHONG H, BELIĆ M R, et al. Diffraction-free beams in fractional Schrödinger equation[J]. Scientific Reports, 2016, 6(1): 23645.

[17] ZHONG W P, BELIĆ M, ZHANG Y. Accessible solitons of fractional dimension[J]. Annals of Physics, 2016, 368:110-116.

[18] ZHONG W P, BELIĆ M R, MALOMED B A, et al. Spatiotemporal accessible solitons in fractional dimensions[J]. Physical Review E, 2016, 94(1): 012216.

[19] ZHANG L, LI C, ZHONG H, et al. Propagation dynamics of super-Gaussian beams in fractional Schrödinger equation:from linear to nonlinear regimes[J]. Optics express, 2016, 24(13): 14406-14418.

[20] WEST B J. Colloquium: fractional calculus view of complexity: a tutorial[J]. Reviews of modern physics, 2014, 86(4): 1169.

[21] KLEIN C, SPARBER C, MARKOWICH P. Numerical study of fractional nonlinear Schrödinger equations[J]. Proceedings of the Royal Society A: Mathematical, Physical and Engineering Sciences, 2014, 470(2172): 20140364.

[22] KIVSHAR Y S, AGRAWAL G P. Optical solitons:from fibers to photonic crystals[M]. New York:Academic press, 2003.

[23] LEDERER F, STEGEMAN G I, CHRISTODOULIDES D N, et al. Discrete solitons in optics[J]. Physics Reports, 2008, 463(1-3): 1-126.

[24] KONOTOP V V, YANG J, ZEZYULIN D A. Nonlinear waves in PT-symmetric systems[J]. Reviews of Modern Physics, 2016, 88(3): 035002.

[25] YANG J. Nonlinear waves in integrable and nonintegrable systems[M]. Philadelphia:SIAM, 2010.

[26] HUANG C, DONG L. Gap solitons in the nonlinear fractional Schrödinger equation with an optical lattice[J]. Optics Letters, 2016, 41(24): 5636-5639.

第3章
分数阶系统中光束传输管理特性研究

3.1 引　言

最近，在光束传输领域已经有了相当多的研究，主要在全光操纵、光开关，以及光路由等方面有着潜在的应用[1-19]。其中，大多数光学材料结构按横向或纵向周期性调制。许多有趣的现象已经被报道，如光束在"Z"字形波导阵列、结构光子晶体及 Kapitza 型介质材料中的无衍射传输，拉比振荡和周期形状变换，光耦合的共振抑制，激光光束的拖曳，衍射管理孤子，线性和非线性单方向边缘态，以及全光操纵和光开关。

最近，越来越受关注的另一个主题是：在物理各个领域中引入分数阶效应[20-23]，如量子霍尔效应、塔尔博特效应、约瑟夫森效应以及量子振荡器。Laskin 应用分数列维指数替换二阶空间导数将标准薛定谔方程推广到分数阶薛定谔方程[24-26]。分数阶薛定谔方程描述了具有分数自旋粒子的动力学行为。在 2015 年，Longhi 将分数阶薛定谔方程推广到光学领域[27]。在该项工作中，双艾里态被预测，并提出了相应的光学方案。同时，该项工作开辟了光束传输新的领域，并启发了一些线性和非线性光束传输研究工作[28-34]。西安交通大学张贻奇教授等研究了具有或不具有外部势的分数阶薛定谔方程中的光束传播动力学特性，包括啁啾高斯光束在抛物线势中的"Z"字形传输、PT 对称周期晶格中的锥形衍射、均匀介质中的无衍射传输，以及谐震荡势中的线性模捕获。分数阶薛定谔方程模型支持的光束传输的实验装置最近被提出。在非线性情况下，揭示了通过改变列维指数调节非线性效应以及在自聚焦和自散焦克尔材料中稳定的格式。

　　鉴于分数阶效应能够有效地抑制光束的衍射以及光束和折射率势之间的相互作用，我们提出了一个实现光束传播管理的简单模型。基于分数阶效应在两个高斯分布的波导格子研究光束的传输特性。我们发现，对于确定的列维指数接近于 1 时，存在两个临界格子深度 p_{cr1} 和 p_{cr2}。当格子调制深度小于 p_{cr1} 时，倾斜的输入光束能够直接透射过波导格子；当格子调制深度超过 p_{cr2} 时，倾斜的输入光束将在两个波导格子之间遵循"Z"字形轨迹传输；而当格子调制深度介于 p_{cr1} 和 p_{cr2} 时，输入光束部分透射部分反射。该现象为光束管理提供了一种非常有效的途径，在光学领域中有着很多潜在的应用，如光开关、光路由，以及光束整形。

3.2　理论模型

　　我们考虑光束沿着 ξ 方向传输，其传播动力学特性由分数阶薛定谔方程描述，即

$$i\frac{\partial \psi(\eta,\xi)}{\partial \xi} = \frac{1}{2}\left(-\frac{\partial^2}{\partial \eta^2}\right)^{\alpha/2}\psi(\eta,\xi) + V(x)\psi(\eta,\xi), \qquad (3\text{-}1)$$

这里，ψ 为无维化场振幅，η 和 ξ 分别为归一化横向和纵向坐标。参数 α 为列维指数，对应的变化范围为 $1 < \alpha \leq 2$，描述的是分数阶衍射效应。当 $\alpha = 2.0$ 时，方程（3-1）退化为标准薛定谔方程。随着列维指数的减小，光束的衍射率逐渐变弱。方程（3-1）中 $V(\eta)$ 为光学晶格对应的表达式。数值上，方程（3-1）可应用分步傅里叶方法求解。在一维系统中，$(-\Delta)^{\alpha/2}f$ 在谱空间可表示为 $\widehat{(-\Delta)^{\alpha/2}f(k)} = |k|^{\alpha}\widehat{f(k)}$ [35]。

　　为了实现光束的传播管理，我们考虑的双势垒高斯波导结构为：$V(\eta) = p\{\exp[-(\eta-\eta_0)^2/d_0^2] + \exp[-(\eta+\eta_0)^2/d_0^2]\}$。不失为一般性，我们设定参数 $\eta_0 = 10$，$d_0 = 1$，并变化波导的振幅 p。输入光束为可调的高斯光束，其表达式为 $\psi(\eta,\xi=0) = A\exp(-\eta^2/d^2)\cos(\gamma\eta)\exp(-i\kappa\eta)$。其中，$d$ 为光束的宽度，κ 表示横向波数，γ 为调制频率，且 $A, d = 1$。光束的中心坐标定义为 $\eta_c = \int_{-\infty}^{+\infty}|\psi|^2\eta\mathrm{d}\eta / \int_{-\infty}^{+\infty}|\psi|^2\mathrm{d}\eta$，光束的形式因子定义为 $\chi = \int_{-\infty}^{+\infty}|\psi|^4\eta\mathrm{d}\eta / \left[\int_{-\infty}^{+\infty}|\psi|^2\mathrm{d}\eta\right]^2$，

这两个表达式可分别用来检测光束的传播轨迹和局域程度。

3.3 高斯光束的传播特性

首先，我们讨论在没有外势情况下光束的传播特性。当列维指数 $\alpha=2,\kappa=0,\gamma=0$ 时，直入射光束表征为自然衍射传播，如图 3.1（a）和 3.1（b）所示；并且倾斜入射的光束也表现为类似的现象，如图 3.1（d）所示。然而，当列维指数较小时，$\alpha=1.2$，正入射的光束传输较短距离后，分裂成两束倾斜的光束，如图 3.1（c）所示。倾斜入射的光束的衍射行为依赖于列维指数的大小，并且总是沿着初始输入方向传输，如图 3.1（e）所示。该光学特性是非常重要的，其与常规薛定谔方程情况下的传输结果显著不同。这为光束传播管理提供了先决条件。在双高斯波导势垒情况下，倾斜输入光束在 $\eta=\pm\eta_0$ 处遇到其中一个波导，如图 3.1（f）所示。为了研究光束传输一个较长的距离，我们考虑列维指数接近于 1。当高斯波导的振幅较大时，光场完全限制在两个高斯波导之间，并且光场传播表征为一个周期的"Z"字形轨迹，如图 3.1（g）和图 3.1（h）所示。该现象类似于经典光学中的镜面反射或全反射。纵向周期为 $L=4\eta_0\tan(\theta)$，θ 表征传播方向，并且列维指数微小的变化可以明显改变"Z"字形的周期。

在双波导光学势垒结构中，光束的传播动力学行为可以分为 3 种情况：① 当势垒较浅时（$p=20$），光束通过波导时没有任何变形，如图 3.2（a）所示，光束似乎没有"感觉"到高斯波导的存在，该特性与之前所有报道的现象形成对比；② 当高斯波导的振幅为中等高度时（$p=36$），光束的透射和反射同时发生，如图 3.2（b）所示；③ 当势垒足够高时，光束遇到两个高斯波导时总是发生全反射，如图 3.2（c）所示，并且光束在传播过程中的周期不依赖于势垒的深度。基于上述 3 种情况，我们得出一个重要的结论，即势垒深度的变化为分数阶薛定谔方程中的光束管理提供了一种有效方便的途径。可以发现，在列维指数 $\alpha=1.08$ 时，光束发生全反射，如图 3.2（c）所示；而在相同的波导振幅，列维指数为 $\alpha=1.2$ 时，光束在传播过程中则发生部分透射和部分反射的现象，如图 3.2（d）所示。对于较大的列维指数，则需要较高的势垒来维系光束发生全反射，如图 3.2（e）所示。列维指数的增加将导致传播周期的减小，如图 3.2（f）所示。

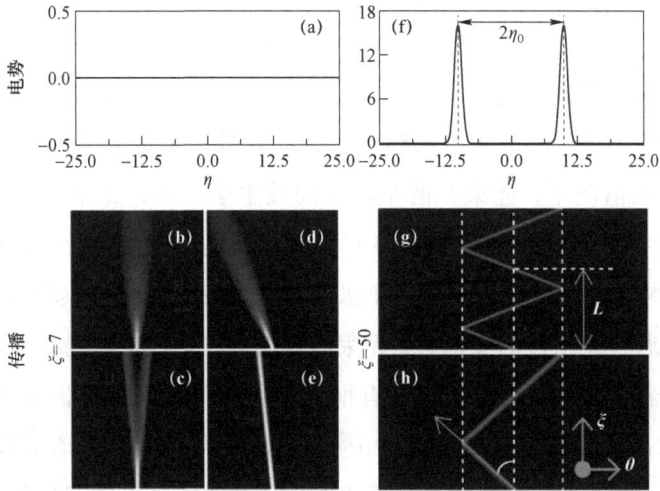

图 3.1　均匀介质和双波导势垒结构中线性光束的动力学演化行为[36]。均匀介质和双势垒波导如图（a）和（f）所示。在均匀介质中，$\kappa=0$ ［图（b）、图（c）］，$\kappa=3$ ［图（d）、图（e）］。图（b）和图（d）中 $\alpha=2$，图（c）和图（e）中 $\alpha=1.2$。图（g）和图（h）是高斯光束在 $\kappa=50$ 时的光束传播动力学。图（g）中 $\alpha=1.2, p=90$；图（h）中 $\alpha=1.02, p=40$

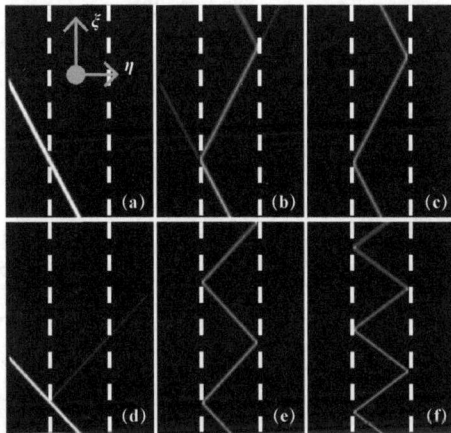

图 3.2　光束的传播路径管理依赖于势阱深度。不同势阱深度时双高斯波导结构中斜入射高斯光束的动力学演化行为。图（a）中 $p=20$，图（b）中 $p=36$，图（c）中 $p=60$，图（d）中 $p=60$，图（e）中 $p=95$，图（f）中 $p=140$，图（a）～图（c）中 $\alpha=1.08$，图（d）和图（e）中 $\alpha=1.2$，图（f）中 $\alpha=1.28$ [36]

我们总结了具有两个高斯势的分数阶薛定谔方程中光束传播的特性，如图 3.3 所示。势垒临界深度同列维指数的依赖关系如图 3.3（a）所示。格子深度在上临界值之上，光束发生全反射。格子深度低于下临界深度时，光束自由传播。当 $p \in [p_{cr1}, p_{cr2}]$，光束遇到高斯波导势垒时透射和反射同时发生。光束能量的衰减率由势垒深度决定。图 3.3（b）显示了光束的反射和透射曲线。光束的传播轨迹可由光束的中心坐标 η_c 表征，其对应的结果如图 3.3（c）所示。在较深的势垒情况下，光束在两个波导间发生全反射，光束传播轨迹表征为"Z"字形。然而，当列维指数大于 1 时，光束受到弱的衍射效应。它导致光束峰值强度缓慢下降。当光束遇到高斯波导时，光束的峰值突然增加。该现象意味着光束遭遇一个明显的变形。当光束离开波导之后，光束就会很快恢复其原始分布，这表明光束在该系统中具有很强的自愈能力。当列维指数 $\alpha = 1.2$ 时，随着传播距离的增加，光束的形式因子 χ 逐渐减小，光束的宽度变宽，如图 3.3（d）所示。当列维指数 α 趋于 1 时，衍射效应几乎能够被忽略。对于确定的参数 $\kappa(\alpha)$，传播角度随着 $\alpha(\kappa)$ 增加单调增加。同时，纵向周期随着参数 $\alpha(\kappa)$ 减小。因此，我们可以通过改变列维指数和初始输入的横向波数来控制光束的传播。

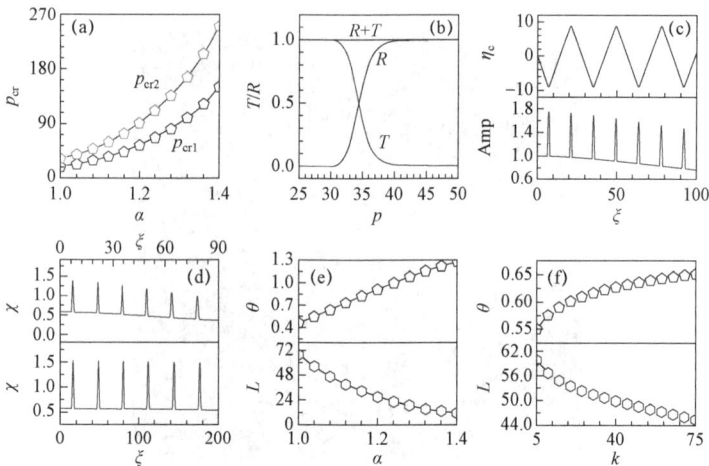

图 3.3　高斯光束在分数阶效应下的传播特性。（a）上临界和下临界调制深度与列维指数的依赖关系；（b）反射率 R 和透射率 T 与调制深度 p 之间的关系；（c）传播轨迹（上端）和振幅（下端）对传播距离的变化关系；（d）形式因子与传播距离之间的关系；（e）输出角度（上端）和纵向周期（下端）与参数 κ 之间的依赖关系[36]

3.4　复杂光束的传播特性

基于上述基本高斯光束传输的讨论，一个有趣的问题是：基本高斯光束的传输特性对于其他复杂形式光场是否有效？为了弄清楚该问题，我们考虑调制高斯光束的演化特性。由图 3.4（a）～图 3.4（c）可以清楚地观察到束缚态能够在低振幅、中度振幅，以及高振幅势垒情况下分别发生穿透、透射和发射、全反射现象。可调谐的高斯光束并没有影响其传播特性。事实上，我们对多种形式的光场演化行为进行了数值研究，发现类似的光束传输管理可以应用于任意分布形式的光束。图 3.4（d）对应的输入光束表达形式为 $\psi = \exp(-x^2/9)\cos[(\sqrt{5}-1)x]\tanh[x-(\sqrt{5}-1)/2]\exp(i\kappa x)$。这一特性在实际应用中非常重要，它为理解其他领域的分数阶效应提供了有益提示。图 3.4（e）显示了临界势垒深度随着调制频率 γ 的增长而不变。临界深度如图 3.3（a）所示。复杂光束的中心坐标 η_c 和可积的形式因子 χ 表明，在较深的势垒中，复杂光束也遵循"Z"字形路径传播，并在传播较大距离之后仍然表现出良好的局域性，如图 3.4（f）所示。

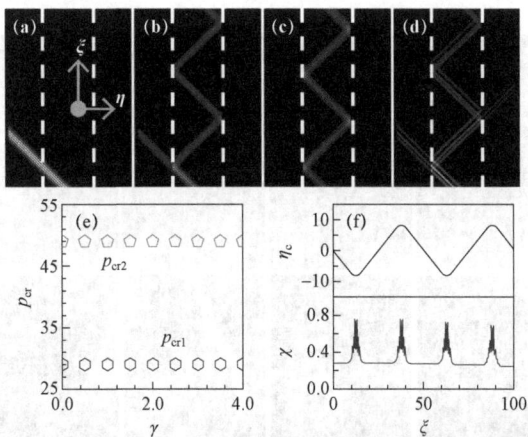

图 3.4　复杂光束在双波导势垒势阱中的演化行为，图（a）中的调制深度 $p=20$；图（b）、图（d）中，$p=35$；图（c）中，$p=55$。$p_{cr1}=29$，$p_{cr2}=49$。图（d）为不规则光束的传播动力学。图（a）至图（c）中，$\gamma=3, d=3$；图（a）至图（d）中 $\kappa=50, \xi=100$。图（e）为复杂光束的临界深度与参数 γ 之间的依赖关系。图（f）为光束的中心位置（上端）和形式因子（下端）随传播距离变化的关系[36]

3.5　光束在可调势垒中传播特性

接下来，我们研究较深可调势垒中的光束传播特性。在光路上放置一大块具有较大深度的障碍物，如图 3.5（a）所示。当起源 "Z" 字形传播的光束进入障碍物时，它将 "感受" 到材料为均匀折射率分布，并保持直线传播且没有失真，如图 3.5（e）所示。因此，较大调制深度的障碍物，可用来输出并捕获两个势垒之间的光束。如果在两个波导之间的区域增加较强的无序噪声，其方差为 σ_{noise}，如图 3.5（b）所示。当 $\sigma_{noise} < p - p_{cr2}$ 时，之前提及的全反射现象仍然保持不变，如图 3.5（f）所示。在物理上可以解释为：在分数维系统，光束不会感觉到相对较弱噪声的存在。因此，我们提出的系统有很高的抗干扰能力。在功能器件设计方面，我们可以将具有深度和宽度的块状形状波导插入到两个波导中，从而实现上述提及的 3 种光束传播的情况。制作具有固定深度的双势垒波导和具有不同深度的块状波导是方便的。通过将块状波导插入双势垒波导结构中，可以较容易地获得所需深度的双波导势垒。当较大深度的波导倾斜放置时，光束的全反射仍然会发生，如图 3.5（c）所示。然而，经过反射后，

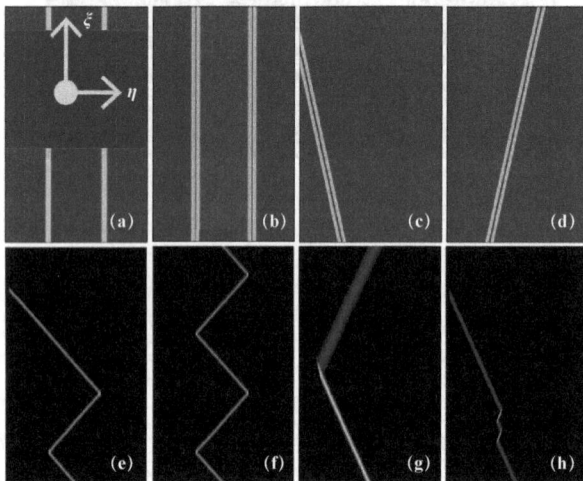

图 3.5　变形的势垒［图（a）～图（d）］以及对应的新型传播动力学行为［图（e）～图（h）］。（a）在 $\xi \in [40,90]$ 区域放置深度 $p = 180$ 的块状障碍物；（b）在双波导之间的 $\xi \in [5,100]$ 区域添加强烈的无序噪声，噪声振幅为 7；（c）（d）倾斜角度为 $\pm\pi/9$ 的倾斜高斯波导。在图（a）至图（h）中，$\xi = 100$，$p = 60$；图（e）至图（h）中，$\kappa = 50$[36]

光束变得更宽，光束继续传播也没有明显失真，如图 3.5（g）所示。这意味着可以通过放置适当的波导来实现光束整形。如果波导向另一个方向倾斜，则会观察到不同的传播现象。然而，在相同的势垒深度时，原来的全反射现象变为全透射现象，如图 3.5（h）所示。具体地讲，光束在波导中短暂地被捕获之后，将远离波导并直接传输。在这个过程中，除了携带主要能量的中心光束，还有几个能量较低的输出光束沿 ξ 方向移动。这些光束太弱，在传输演化图中不易分辨。输入光束和透射光束之间的纵向位移与正常或负折射率材料中发生的经典古斯-汉森位移不同[37]。

3.6　理论分析

为了更好地理解上述结论，对方程（3-1）进行粗略的理论分析是非常有必要的。对于相对较窄的势垒，光束和势垒之间的相互作用主要由势垒的深度决定。简单起见，我们考虑图 3.6（a）对应的方案，窄的高斯势垒用方形薄的势垒取代。势垒的右界面处于 $\eta = 0$。应用这些简化使我们能够掌握可调势垒深度对应的光束动力学的主要特征。

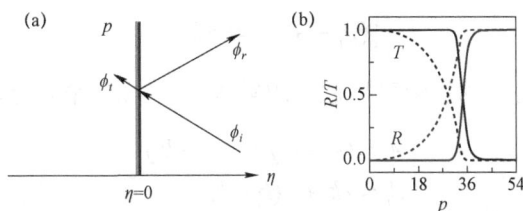

图 3.6　理论分析方案和结果。（a）一个窄的台阶势垒等效示意图。（b）理论（虚线）和数值（实线）的反射率和透射率与势垒深度间的关系[36]

我们考虑平面波解形式为 $\psi(\eta,\xi) = \phi(\eta)\exp(-ib_\alpha\xi)$，这里，$b_\alpha$ 是与列维指数关联的传播常数。光束的剖面形式为 $\phi(\eta) = A_m \exp(-\eta^2/d_m^2)\cos(\gamma\eta)\exp(-ik_m\eta)$，这里，$k$ 为波数，$m = i,t,r$ 分别对应入射、透射、反射光的角标指数。代入该形式到方程（3-1），并删掉共有项 $\exp(-ib_\alpha\xi)$，可以得到

$$b_\alpha\phi(\eta) = \frac{1}{2}\left(-\frac{\partial^2}{\partial\eta^2}\right)^{\alpha/2}\phi(\eta) + p\phi(\eta)。 \tag{3-2}$$

51

将入射光束代入方程（3-2）并设置 $p=0$，我们能够得到一个描述 $\eta>0$ 区域中光束的方程。通过傅里叶变换，方程在谱空间可以写成

$$b_\alpha \widehat{\phi_i} = \frac{1}{2}|k_i|^\alpha \widehat{\phi_i} \,。 \tag{3-3}$$

从方程（3-3），我们可以得到传播常数和波数之间的关系为 $k_i=(2b_\alpha)^{1/\alpha}$。当入射光束遇到障碍物时，它将被发射。根据反射定律，我们知道，$k_r=-k_i$，但是振幅 A_r 和宽度 d_r 将会改变。在 $\eta>0$ 的区域，入射和反射光总和可表示为
$\phi(\eta)=A_i\exp(-\eta^2/d_i^2)\cos(\gamma\eta)\exp(-k_i\eta)+A_r\exp(-\eta^2/d_r^2)\cos(\gamma\eta)\exp(+k_i\eta)$。

代入透射光束到方程（3-2），并进行傅里叶变化，可以得到

$$b_\alpha \widehat{\phi_t} = \frac{1}{2}|k_t|^\alpha \widehat{\phi_t} + p\widehat{\phi_t} \,, \tag{3-4}$$

明显地，k_t 满足关系 $k_t=(2b_\alpha-2p)^{1/\alpha}$。

在 $\eta=0$ 处，光场满足边界条件

$$\begin{cases} \phi_i(0)+\phi_r(0)=\phi_t(0) \\ d_i\phi_i(0)+d_r\phi_r(0)=d_t\phi_t(0) \end{cases}, \tag{3-5}$$

当 $d_i\approx d_r\approx d_t$ 时，我们可以获得

$$\begin{cases} A_i+A_r=A_t \\ (A_i-A_r)k_i=A_t k_t \end{cases}。 \tag{3-6}$$

反射光和透射光的振幅可以通过求解等式（3-6）来确定，即

$$\begin{cases} A_r=(k_i-k_t)A_i/(k_i+k_t) \\ A_t=2k_i A_i/(k_i+k_t) \end{cases}。 \tag{3-7}$$

根据式（3-7），我们可以得出反射率和透射率

$$R=\frac{|A_r|^2}{|A_i|^2}=\frac{(k_i-k_t)^2}{(k_i+k_t)^2}=\frac{[(2b_\alpha)^{1/\alpha}-(2b_\alpha-2p)^{1/\alpha}]^2}{[(2b_\alpha)^{1/\alpha}+(2b_\alpha-2p)^{1/\alpha}]^2} \,, \tag{3-8}$$

以及 $T=1-R$。

透射率和反射率如图 3.6（b）所示。通过理论分析，不同调制深度时光束透射、部分透射/反射、全反射 3 种现象被发现。值得注意的是，光束的透射率与输入光束的形式无关，这表明任意分布的光束遵循相同的传播规律。复杂光束演化的典型例子如图 3.4 所示。

3.7　本章小结

在这项工作中，我们研究了双势垒高斯波导的分数阶薛定谔方程中光束的传播特性。通过调节势垒深度，我们可以近似无衍射光束的透射、部分透射/反射和全反射现象。复杂光束的传播行为呈现出与这些现象类似的动力学特性。同时，我们也研究了光束在可调谐势垒中的演化，如块状障碍物、无序缺陷路径，以及倾斜波导。此外，一些有趣的光学性质，如自愈、整形、类古斯-汉斯位移等，相继被发现。我们预测其他形式的外部势垒也可能为光束传播管理提供方便的途径。我们的研究结果为光束管理和分数阶光学领域提供了新的见解，在光开关、光路由，以及通信领域具有潜在的应用价值。

3.8　本章参考文献

[1] EISENBERG H. EISENBERG H S, SILBERBERG Y, et al. Diffraction management[J]. Physical Review Letters, 2000(85): 1863-1866.

[2] STALIUNAS K, HERRERO R. Nondiffractive propagation of light in photonic crystals[J]. Physical Review E, 2006, 73(1): 016601.

[3] HUANG C, YE F, CHEN X. Diffraction control of subwavelength structured light beams in Kapitza media[J]. Optics Express, 2015, 23(10): 12692-12699.

[4] KARTASHOV Y V, VYSLOUKH V A, TORNER L. Resonant mode oscillations in modulated waveguiding structures[J]. Physical review letters, 2007, 99(23): 233903.

[5] SHANDAROVA K, RÜTER C E, KIP D, et al. Experimental observation of Rabi oscillations in photonic lattices[J]. Physical review letters, 2009, 102(12): 123905.

[6] LONGHI S, MARANGONI M, LOBINO M, et al. Observation of dynamic localization in periodically curved waveguide arrays[J]. Physical review letters, 2006, 96(24): 243901.

[7] SZAMEIT A, GARANOVICH I L, HEINRICH M, et al. Polychromatic dynamic localization in curved photonic lattices[J]. Nature Physics, 2009, 5(4): 271-275.

[8] SZAMEIT A, KARTASHOV Y V, DREISOW F, et al. Inhibition of light tunneling in waveguide arrays[J]. Physical review letters, 2009, 102(15): 153901.

[9] HUANG C, SHI X, YE F, et al. Tunneling inhibition for subwavelength light[J]. Optics Letters, 2013, 38(15): 2846-2849.

[10] KARTASHOV Y V, TORNER L, CHRISTODOULIDES D N. Soliton dragging by dynamic optical lattices[J]. Optics letters, 2005, 30(11): 1378-1380.

[11] ABLOWITZ M J, MUSSLIMANI Z H. Discrete diffraction managed spatial solitons[J]. Physical Review Letters, 2001, 87(25): 254102.

[12] SZAMEIT A, GARANOVICH I L, HEINRICH M, et al. Observation of diffraction-managed discrete solitons in curved waveguide arrays[J]. Physical Review A, 2008, 78(3): 031801.

[13] RECHTSMAN M C, ZEUNER J M, PLOTNIK Y, et al. Photonic Floquet topological insulators[J]. Nature, 2013, 496(7444): 196-200.

[14] BANDRES M A, RECHTSMAN M C, SEGEV M. Topological photonic quasicrystals: fractal topological spectrum and protected transport[J]. Physical Review X, 2016, 6(1): 011016.

[15] KARTASHOV Y V, SKRYABIN D V. Modulational instability and solitary waves in polariton topological insulators[J]. Optica, 2016, 3(11): 1228-1236.

[16] D. LEYKAM, Y. D. CHONG. Edge solitons in nonlinear-photonic topological insulators[J]. Physical review letters, 2016, 117(14): 143901.

[17] CHRISTODOULIDES D N, EUGENIEVA E D. Blocking and routing discrete solitons in two-dimensional networks of nonlinear waveguide arrays[J]. Physical Review Letters, 2001, 87(23): 233901.

[18] ROSBERG C R, GARANOVICH I L, SUKHORUKOV A A, et al. Demonstration of all-optical beam steering in modulated photonic lattices[J]. Optics letters, 2006, 31(10): 1498-1500.

[19] KARTASHOV Y V, VYSLOUKH V A. Switching management in couplers with biharmonic longitudinal modulation of refractive index[J]. Optics letters, 2009, 34(22): 3544-3546.

[20] LAUGHLIN R B. Anomalous quantum Hall effect:an incompressible quantum fluid with fractionally charged excitations[J]. Physical Review Letters, 1983, 50(18): 1395.

[21] WEN J, ZHANG Y, XIAO M. The Talbot effect: recent advances in classical optics, nonlinear optics, and quantum optics[J]. Advances in optics and photonics, 2013, 5(1): 83-130.

[22] ROKHINSON L P, LIU X, FURDYNA J K. The fractional ac Josephson effect in a semiconductor-superconductor nanowire as a signature of Majorana particles[J]. Nature Physics, 2012, 8(11): 795-799.

[23] OLIVAR-ROMERO F, ROSAS-ORTIZ O. Factorization of the quantum fractional oscillator;proceedings of the Journal of Physics:Conference Series, F, 2016[C]. IOP Publishing.

[24] LASKIN N. Fractional quantum mechanics and Lévy path integrals[J]. Physics Letters A, 2000, 268(4-6): 298-305.

[25] LASKIN N. Fractional quantum mechanics[J]. Physical Review E, 2000, 62(3): 3135.

[26] LASKIN N. Fractional schrödinger equation[J]. Physical Review E, 2002, 66(5): 056108.

[27] LONGHI S. Fractional Schrödinger equation in optics[J]. Optics letters, 2015, 40(6): 1117-1120.

[28] ZHANG Y, LIU X, BELIĆ M R, et al. Propagation dynamics of a light beam in a fractional Schrödinger equation[J]. Physical review letters, 2015, 115(18): 180403.

[29] ZHANG Y, ZHONG H, BELIĆ M R, et al. Diffraction-free beams in fractional Schrödinger equation[J]. Scientific Reports, 2016, 6(1): 23645.

[30] ZHANG Y, ZHONG H, BELIĆ M R, et al. PT symmetry in a fractional

Schrödinger equation[J]. Laser & Photonics Reviews, 2016, 10(3): 526-531.

[31] ZHONG W P, BELIĆ M, ZHANG Y. Accessible solitons of fractional dimension[J]. Annals of Physics, 2016, 368:110-116.

[32] ZHONG W P, BELIĆ M R, MALOMED B A, et al. Spatiotemporal accessible solitons in fractional dimensions[J]. Physical Review E, 2016, 94(1): 012216.

[33] ZHANG L, LI C, ZHONG H, et al. Propagation dynamics of super-Gaussian beams in fractional Schrödinger equation:from linear to nonlinear regimes[J]. Optics express, 2016, 24(13): 14406-14418.

[34] HUANG C, DONG L. Gap solitons in the nonlinear fractional Schrödinger equation with an optical lattice[J]. Optics Letters, 2016, 41(24): 5636-5639.

[35] HERRMANN R. Fractional calculus:an introduction for physicists[M]. Singapore:World Scientific, 2011.

[36] HUANG C, DONG L. Beam propagation management in a fractional Schrödinger equation[J]. Scientific Reports, 2017, 7(1): 1-8.

[37] BERMAN P. Goos-Hänchen shift in negatively refractive media[J]. Physical Review E, 2002, 66(6): 067603.

第4章
分数阶系统中 PT 对称孤子

4.1　分数阶系统中 PT 对称基本孤子

4.1.1　引言

Laskin 在标准量子力学的背景下提出了空间分数量子力学，以描述费曼路径积分中的布朗运动轨迹被列维（Lévy）飞行代替时的物理现象[1-3]。一些波的物理性质能够在分数薛定谔方程中进行数值研究。最近，Longhi 设计了一个关于分数效应的可行光学方案，该工作激发了光学领域的一些有趣研究[4]。例如，在线性情况下有：啁啾高斯光束的锯齿形传输[5]、PT 对称周期晶格中的锥形衍射[6]、均匀介质中无衍射光束[7]、双势垒势下的光束传输管理[8]、无线性势或有线性势中有限能量艾利光束动力学[9]、周期势中的光学布洛赫振荡[10]、横向高斯势和纵向周期调制光学结构中的共振模转换和拉比振荡[11]以及谐振势中的线性模捕获[12,13]。而在非线性情况下，通过改变列维指数来调节非线性效应[14]、克尔介质中的稳定晶格孤子[15]以及空时调制不稳定性已经被揭示[16]。到目前为止，分数薛定谔方程所描述的真实物理系统已经在谐振器和透镜波导中提出，并且分数阶薛定谔方程和光束在蜂巢晶格中传播的联系也在被研究[17]。

PT 对称势是在量子力学和量子场论的背景下发展起来的[18,19]，且在 PT 对称结构中孤子的产生和稳定传输也是非常有效的[20-23]。然而，到目前为止，几乎所有关于 PT 对称势中光束动力学的研究工作都是在传统的薛定谔方程或麦克斯韦方程中进行讨论[24,25]的。因此，在嵌入分数效应的 PT 对称材料中研究孤子的存在性和稳定性也非常有必要。

在这个工作中，我们首次在线性/非线性分数阶薛定谔方程中报道了 PT 对称高斯势支持的基本模性质。在研究中，我们发现基模的 PT 对称破缺点不仅取决于增益/损耗系数，而且还由列维指数的大小决定。对于自散焦和自聚焦非线性，基本孤子能够分歧于相同的线性特征模。在适度的列维指数和增益损耗系数时，这类孤子解有一个宽的存在区域。特别地，在该工作中，我们提出了两种不同的方法将不稳定孤子转换为稳定的孤子。

4.1.2　理论模型

分数阶衍射效应的 PT 对称结构中，光束的传播动力学行为可以由非线性分数阶薛定谔方程描述[5,26]，即

$$i\frac{\partial \psi}{\partial z} = \frac{1}{2}\left(-\frac{\partial^2}{\partial x^2}\right)^{\alpha/2}\psi - V(x)\psi + g|\psi|^2\psi, \tag{4-1}$$

式中，ψ 与电场包络成正比；z 为传播距离；$(-\partial^2/\partial x^2)^{\alpha/2}$ 为分数拉布拉斯，α 为列维指数；$V(x) = V_{re}(x) + iV_{im}(x)$ 为 PT 对称势的剖面。具体地讲，函数 $V(x)$ 的实部描述折射率的分布，是一个偶数函数，虚部描述增益和损耗的分布，是一个奇数函数。方程（4-1）中的 $g = -1$ 表示自聚焦非线性，$g = +1$ 表示自散焦非线性。当 $g = 0$，方程（4-1）退化为线性的分数阶薛定谔方程。该模型在物理上可以通过在谐振器或透镜阵列中放置人工超材料介质来实现。在谐振器或透镜波导中，可以有效地设计每次往返的衍射算符，以模拟一个分数动能算符。而在其中放置一个非线性介质就能够获得需要的非线性。

4.1.3　数值结果与讨论

1. 分数效应下线性模特性

在研究基本孤子的光学性质之前，了解线性系统支持的线性特征值和特征函数是非常有意义的。在这里，我们考虑 PT 对称势的表达形式为 $V = p\exp(-x^2/d^2)\times[1+i\chi\tanh(x)]$，式中，势阱深度 $p = 2$，波导宽度 $d = 1$，而增益/损耗系数 χ 是一个可调参数。线性模的形式可表示为 $\Psi(x,z) = \phi(x)\exp(ibz)$。将

其代入方程（4-1），可以得到

$$b\phi(x) = \mathcal{H}_\alpha\phi(x),\qquad\qquad(4\text{-}2)$$

这里，$\mathcal{H}_\alpha = (-\partial^2/\partial x^2)^{\alpha/2} + V(x)$ 是分数哈密顿量，并且，这个线性特征值问题可以用傅里叶配置法来解决[27]。

图 4.1 显示了基本模式的基本特性，包括增益/损耗系数的临界值（也称为 PT 对称破缺点）、基本模式的剖面和演化。如图 4.1（a）和图 4.1（b）所示，随着 α 的减小，临界值 χ_{cr} 线性减小。超过该临界值时，PT 对称性发生破缺。这是由于 α 越小，系统的非局域效应越强，对应地，线性特征模越早发生对称破缺。代表性对称和对称破缺剖面如图 4.1（c）所示，其中，我们绘制了两个不同 χ 对应的基本模态的模场，以及实部和虚部。相应地，它们的传播演化过程如图 4.1（d）所示。

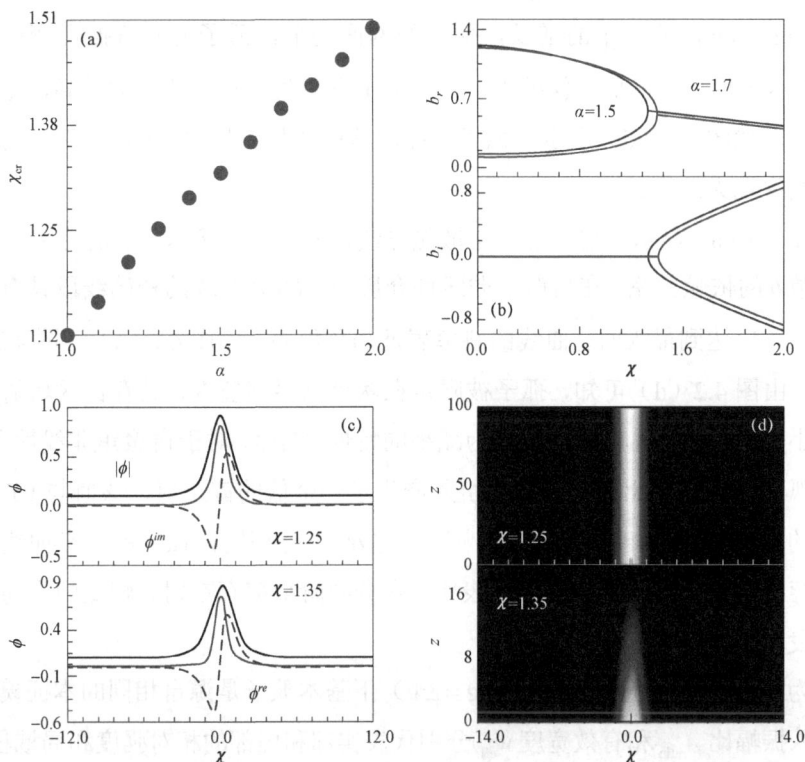

图 4.1 （a）列维指数与增益损耗临界值间的依赖关系；（b）序号为第一和第二的传播常数的实部（上端）和虚部（下端）对增益损耗系数的依赖关系，其中 $\alpha=1.5$，$\alpha=1.7$；（c）上端 $\chi=1.25$ 和下端 $\chi=1.35$ 基模的实部和虚部；（d）图（c）中两个线性模式的传播演化图。图（c）和图（d）中：$\alpha=1.5$，$\chi_{cr}=1.32$[28]

2. 分数效应下基本孤子特性

接下来，我们将讨论自聚焦和自散焦克尔材料中具有分数效应的孤子分歧于线性模的动力学行为，包括它们的存在性和稳定性。研究结果表明：分歧于线性模的基本孤子实部和虚部的振幅在自散焦（自聚焦）材料中随着 b 减小（增加），这与传统耗散材料中光场的一般特征是一致的。随着 b 值的减小，PT 对称孤子的实部和虚部逐渐展宽。在分数衍射效应存在的情况下，自散焦介质中孤子的虚部变得更加明显，如图 4.1（a）所示。在自聚焦非线性时，清晰的峰剖面能够被发现，但传播常数 b 变为很大时，孤子的宽度变得非常窄，如图 4.1（b）所示。下文中，我们将孤子的宽度小于波导宽度 1/5 的模称为非线性极窄局域化模。

此外，增益/损耗系数 χ 和列维指数 α 也会影响孤子的空间分布。对于确定的 α 和 b，随着 χ 的增长，孤子的剖面变窄，孤子的峰值振幅变低，如图 4.1（c）所示。然而，仅减小 α 时，孤子表现为其对应的轮廓升高，宽度略微变窄，如图 4.1（d）所示。孤子剖面的这些变化将导致 PT 对称孤子的基本性质发生重大改变。

图 4.2（a）显示了自聚焦和自散焦非线性介质中，基本孤子的功率 U 与传播常数 b 的依赖关系。在自散焦非线性介质中，$U(b)$ 曲线的初始线段具有正的斜率，当 U 达到最大时，曲线的斜率表征为负斜率，如图 4.2（a）和图 4.2（c）所示。由图 4.2（d）可知，孤子被限定在两个临界阈值内，其存在区域随着 α 的减小而减小，并且功率也表征为减小的特性。然而，对于自聚焦非线性介质，基本孤子没有上截止值。势阱的引入产生了一个低的截止值，该值与 PT 对称波导的线性特征值相关联。总体来讲，与 $\alpha = 2$ 时相比，孤子的功率曲线在其整个存在区域内都有所下降。这表明，在分数阶效应存在时，较低的光功率可以激发产生基本孤子。

为了进一步确定两种情况（$g = \pm 1$）下基本孤子是源自相同的本征模，我们引入振幅比 A_{ratio} 和有效宽度 w_{eff} 分别代表实部和虚部的相对强度和局域程度。

从图 4.2（b）可以清楚地看到，曲线 $A_{\text{ration}}(b)$ 和 $w_{\text{eff}}(b)$ 在整个存在区域内没有间断。因此，这意味着在极限 $U \to 0$ 时，基本孤子在自聚焦和自散焦情况下关联到它们对应的线性本征模，临界值 b_{cr} 为一阶线性模的传播常数。

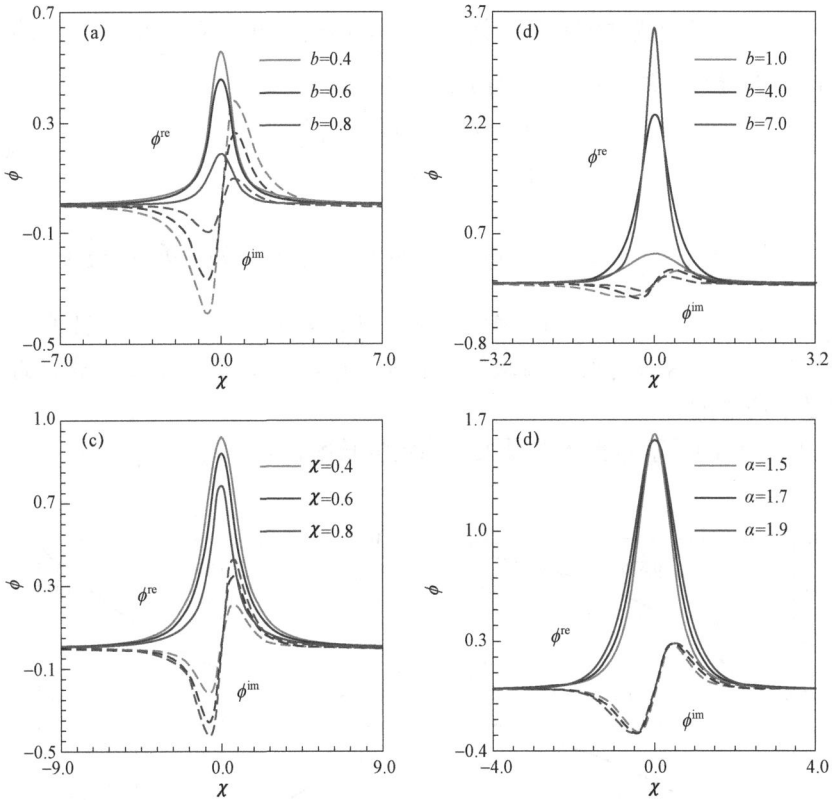

图 4.2 自散焦〔图（a）、图（c）〕和自聚焦〔图（b）、图（d）〕克尔材料中基本孤子的实部和虚部剖面，对应不同的变量关系：b〔图（a）、图（b）〕，χ〔图（c）〕，α〔图（d）〕。物理参数有：$\alpha=1.5, \chi=1.2$〔图（a）、图（b）〕；$\alpha=1.5, b=0.42$〔图（c）〕；$\chi=1.2, b=2.6$〔图（d）〕[28]

接下来，我们确认基本孤子的临界值 b_{cr} 是如何依赖于列维指数 α 和增益/损耗系数 χ 的，其对应的定量特征图如图 4.2（d）所示。当 α 从 2 减小到 1 时，临界值 $b_{cr}\in[0.68,0.91]$ 缓慢减小；然而临界值也可以通过减小 χ 从而显著增加。因此，临界值 b_{cr} 由势阱的增益/损耗系数 χ 决定的事实得到了进一步的证实。列维指数 α 也可以用来确定线性模的极限值，尤其影响着自散焦非线性时的下截止值。

据我们所知，在具有分数效应的耗散介质中，PT 对称势下光孤子的稳定性以前没有报道过。对于该孤子族，其线性稳定性进行了分析。孤子解的扰动形式为 $\psi(x,z)=\{\phi(x)+[v(x)-w(x)]\exp(\delta z)+[v(x)-w(x)]^*\exp(\delta^* z)\}\exp(ibz)$，这里，$v, w \ll 1$，$\delta$ 为扰动增长率。代入该扰动形式到方程（4-1），并进行线性化处理，可以得到下列线性特征值问题，即

$$\begin{bmatrix} M_{11} & M_{12} \\ M_{21} & M_{22} \end{bmatrix} \begin{bmatrix} v \\ w \end{bmatrix} = i\delta \begin{bmatrix} v \\ w \end{bmatrix}, \tag{4-3}$$

其中，$M_{12} = -\dfrac{1}{2}\left(-\dfrac{\partial^2}{\partial x^2}\right)^{\alpha/2} - 2g|\phi|^2 - b + Re(V) + gRe(\phi^2)$，$M_{21} = -\dfrac{1}{2}\left(-\dfrac{\partial^2}{\partial x^2}\right)^{\alpha/2}$

$-2g|\phi|^2 - b + Re(V) - gRe(\phi^2)$，$M_{22} = +i[-gIm(\phi^2) - Im(V)]$。该特征值问题可以应用牛顿共轭梯度方法数值求解。当 $Re(\delta) = 0$ 时，孤子是线性稳定的，否则它是不稳定的。

图 4.3 绘制了基本孤子的最大不稳定增长率 δ_r。

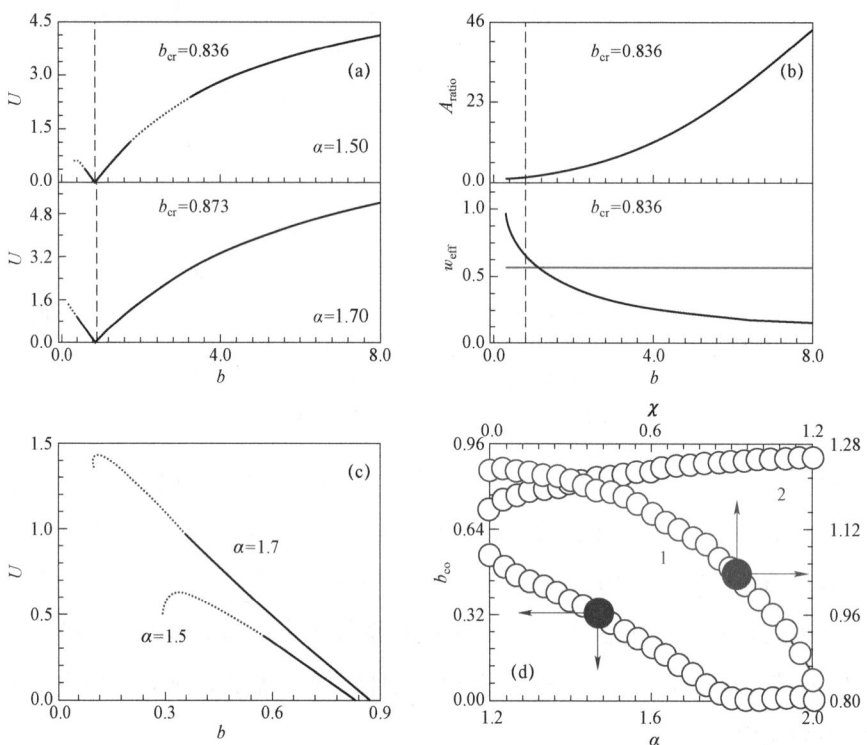

图 4.3 （a）功率与传播常数间的依赖关系，$\alpha = 1.5$（上端），$\alpha = 1.7$（下端）；
（b）列维指数为 $\alpha = 1.5$ 时基本孤子的振幅比和有效宽度与传播常数之间的关系；
图（c）是图（a）左侧细节放大图，虚线对应不稳定区域，实线对应稳定区域；
（d）不同列维指数（下端）和增益/损耗系数（上端）的截止值。图（a）和（b）中，
虚线左侧对应于 $g = +1$，虚线右侧对应于 $g = -1$[28]

图 4.3 中，基本孤子的线性稳定性质可以总结如下。

（1）对于适度的列维指数和增益/损耗系数，基本孤子在其存在区域内存在一个较宽的稳定区域，如图 4.3（a）所示。

（2）对于给定的增益/损耗水平，自散焦介质中的孤子在靠近低振幅极限附近是稳定的，如图 4.3（c）和图 4.3（a）所示。对于列维指数 α 等于 2.0、1.7、1.5 时，在 $\chi=1.2$ 处，孤子的稳定区域分别占其存在区域的 67.03%、66.37% 和 55.86%。

（3）当 α 低于一个阈值时（ $\alpha_{cr} \approx 1.59$ ），处于存在区域中间部分的基本孤子将变得不稳定。值得提及的是，对于较大传播常数的孤子表征为极窄的局域分布，且有着相对较宽的光谱，这些孤子通常是不稳定的。图 4.4（b）显示了图 4.4（a）中实心圆圈标记的稳定和不稳定孤子的本征谱图。

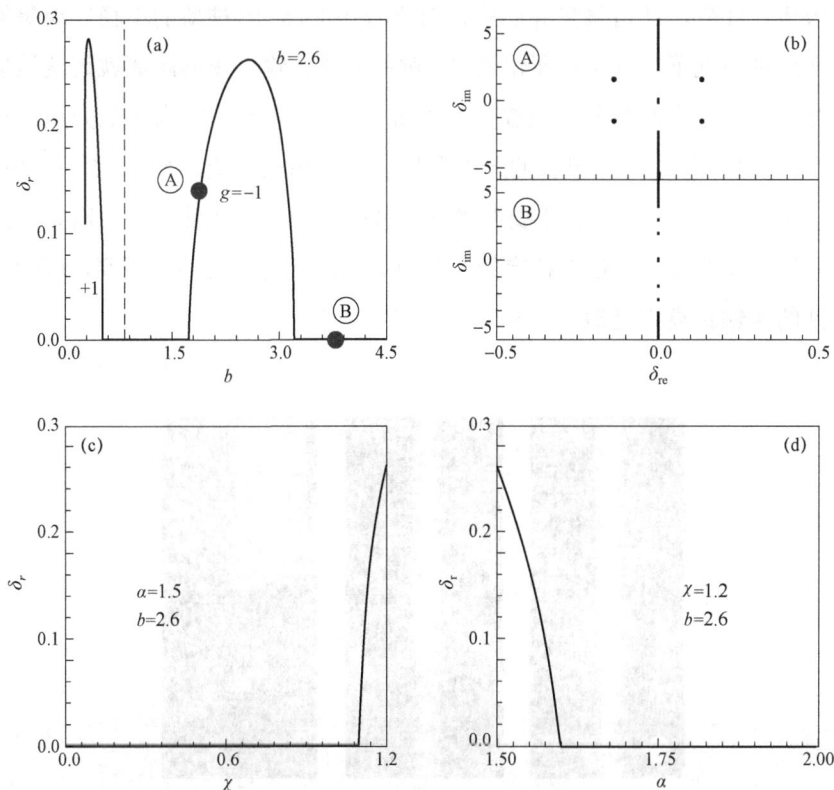

图 4.4 （a）自散焦（ $g=+1$ ）和自聚焦（ $g=-1$ ）克尔介质中，参数 $\alpha=1.5$ 和 $\chi=1.2$ 时，最大不稳定增长率 δ_r 与 b 之间的依赖关系；（b）标记在图（a）中实心圆圈对应的稳定和不稳定孤子的线性特征值谱；（c）和（d）分别是变量为 χ 和 α 的扰动增长率的实部；图（b）～图（d）中， $g=-1$ [28]。

（4）将不稳定孤子转化为稳定孤子有两种方法。例如，对于 $b=2.6$，$\alpha=1.5$，$\chi=1.2$ 的孤子：①通过减小 χ 值，稳定的孤子能够获得（$\chi\leqslant1.10$），如图 4.4（c）所示；②通过增加参数 α，分数阶效应减弱，稳定的孤子将被发现（$\alpha\geqslant1.6$），如图 4.4（d）所示。

线性稳定性分析的结果可以通过方程（4-1）直接模拟。初始输入光束的形式为 $\psi|_{z=0}=\phi(x)[1+\rho(x)]$，式中 $\rho(x)$ 描述高斯分布的白噪声。图 4.5 显示了稳定孤子和不稳定孤子的几个典型例子。在自散焦介质中，基本孤子在低功率区是完全稳定的，如图 4.5（a）所示，而在高功率区域附近，孤子传输表征为调制不稳定性，或以随机扩散的方式传输，如图 4.5（b）和图 4.5（c）所示。这些现象可以解释为在传输过程中弱的分数阶效应不能补偿较强的自散焦非线性效应。此外，在自聚焦介质中，对于较小的 α，一种新的不稳定现象被发现。在这种情况下，基本孤子沿着 PT 对称波导传输很短的距离就迅速消散，部分光场从波导中心移开并被放大，如图 4.5（d）所示。在自聚焦介质中稳定的 PT 对称孤子也能传输很长的距离保持波形和相位不变，如图 4.5（e）所示。最后，图 4.5（f）则显示了非线性极窄局域模式的典型传输例子。需要注意的是，这些非线性模式总是不稳定的，它们的宽度相对于波导的越窄，保持其固有特性的传输距离则越短。

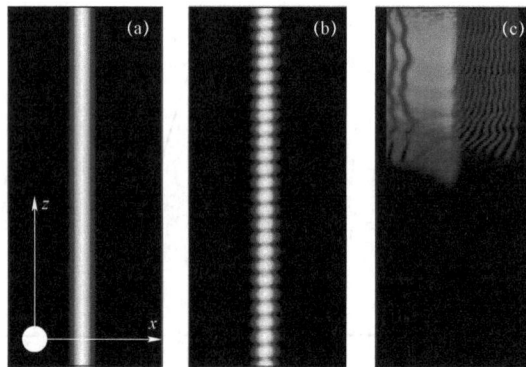

图 4.5　在 5% 的随机噪声扰动下，自散焦〔图（a）～图（c）〕和自聚焦〔图（d）～图（f）〕介质中的基本孤子的传播模拟。图（a）～图（f）中，传播常数 b 分别为 0.70、0.46、0.30、1.90、3.80、13.0。图（a）、图（e）和图（f）中 $z=5\,000$，图（b）和图（d）中 $z=1\,000$，图（c）中 $z=150$[28]

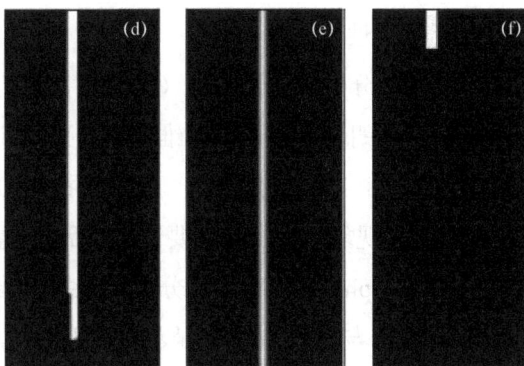

图 4.5　在 5%的随机噪声扰动下，自散焦〔图（a）～图（c）〕和自聚焦〔图（d）～图（f）〕介质中的基本孤子的传播模拟。图（a）～图（f）中，传播常数 b 分别为 0.70、0.46、0.30、1.90、3.80、13.0。图（a）、图（e）和图（f）中 $z=5\,000$，图（b）和图（d）中 $z=1\,000$，图（c）中 $z=150$[28]

4.2　分数阶系统中 PT 对称双峰孤子

4.2.1　引言

近年来，标准量子力学的两个扩展受到了特别关注。其中之一是宇称-时间（PT）对称（非厄米）概念的提出[18,19]，另一个是空间分数阶量子力学[1-3]。最近，这两种扩展都被引入到光学领域[4,14,20,24,29]。虽然 PT-对称系统在线性和非线性光学体系中都得到了深入研究[15]，但非线性分数阶薛定谔方程（NLFSE）中的光束演化仍然了解甚少。

PT 对称性要求哈密顿算符与 PT 算符共享一组公共特征函数[18,19]。宇称算符 $\hat{P}$ 通过操作 $\hat{p} \to -\hat{p}$，$\hat{x} \to -\hat{x}$，时间反演算符 $\hat{T}$ 则定义为 $\hat{x} \to \hat{x}$，$\hat{i} \to -\hat{i}$。根据标准化薛定谔方程，我们得到 $\hat{T}\hat{H} = \hat{p}^2/2 + V^*(x)$，从而导出关系 $\hat{H}\hat{P}\hat{T} = \hat{p}^2/2 + V(x)$ 和 $\hat{P}\hat{T}\hat{H} = \hat{p}^2/2 + V^*(x)$。因此，PT 对称性需满足关系式：$V(x) = V^*(-x)$。

在增益/损耗强度低于相变或对称性破缺点的情况下，非厄米哈密顿算符呈现出完全实数谱。在具有不同势场形式的 PT-对称体系中，各种光学孤子族在理论上得到了探索，并在实验中进行了观测[21,22,25,30-37]。关于早期研究的综述，请参阅本章文献[24]。在部分 PT 对称势场[38,39]和具有全部实数谱的非 PT

对称复势场[40]中也报道了非线性模式的性质。

另一方面，最近，人们对分数薛定谔方程（FSE）中光束传播的兴趣日益增长。当费曼路径积分中的布朗运动轨迹被列维（Lévy）飞行所取代时，分数场和分数自旋粒子的行为可以由 FSE 来描述[1-3]。由 FSE 描述的空间分数阶量子力学对于理解涉及分数效应的现象具有根本重要性，包括分数量子霍尔效应[41]、分数 Talbot 效应[42]、分数 Josephson 效应[43]和分数量子振荡器[44]。

在 2015 年，考虑到 FSE 与旁轴波动方程之间的相似性，Longhi 首次将 FSE 引入光学领域[4]。他提出了一种光学方案来模拟分数量子谐振子，并发现了双重 Airy 光束。这项具有开创性的工作引发了许多关于 FSE 框架下光束动力学的研究。Zhang 等人报道了在有或无外部势场的 FSE 中，无衍射光束[7]、啁啾高斯光束[5]和 PT 对称性[6]的传播特性。在抛物线势场中研究了线性模式以及在双势垒势场中的传播管理。值得强调的是，在本工作报道前，在非线性光学中只有两篇涉及超高斯光束[14]和间隙孤子[15]的论文被报道。

4.2.2　理论模型

无量纲的分数阶非线性薛定谔方程，描述波函数 $q(x,z)$ 为

$$i\frac{\partial q}{\partial z} = \frac{1}{2}\left(-\frac{\partial^2}{\partial x^2}\right)^{\alpha/2} q - V(x)q + \gamma|q|^2 q, \qquad (4\text{-}4)$$

式中，$(-\partial^2/\partial x^2)^{\alpha/2}$ 为分数拉布拉斯，α 为列维指数。当 $\alpha=2$ 时，方程（4-4）退化成常规的非线性薛定谔方程。$\gamma=\mp1$ 分别表示聚焦和散焦克尔非线性。$V(x)=V_{re}(x)+iV_{im}(x)$ 为 PT 对称势的剖面。具体地讲，函数 $V(x)$ 的实部描述折射率的分布，是一个偶数函数；虚部描述增益和损耗的分布，是一个奇数函数。

我们考虑势阱的形式为 $V(x)=g^2(x)+g(x)+i\chi g'(x)$[36]，这里，$g(x)$ 是任意的实偶函数，而 χ 代表增益/损耗分量的强度。简单起见，我们选择 $g(x)=A[\text{sech}(x-x_0)+\text{sech}(x+x_0)]$，这将使 $V_r(x)=A^2[\text{sech}(x-x_0)+\text{sech}(x+x_0)]^2+A[\text{sech}(x-x_0)+\text{sech}(x+x_0)]$，以及 $V_i(x)=-A\chi[\text{sech}(x-x_0)\tanh(x-x_0)+\text{sech}(x+x_0)\tanh(x+x_0)]$。显然，满足条件 $V(x)=V^*(-x)$，因此该系统具有 PT 对称性。在该工作中，设定 $A=1.5$，$x_0=1.8$。当 $\chi=1$ 时，对应的势阱分布如图 4.6 所示。方程（4-4）中，对应的非线性态的能量表征为

$$U = \int_{-\infty}^{\infty} |q(x,z)|^2 \, \mathrm{d}x \text{。}$$

为了探索从线性本征模分歧出来的非线性态性质，有必要研究相应线性分数系统对应的特征谱。考虑方程（4-4）的线性版本，线性模解的形式为 $q(x,z) = w(x) \exp(ibz)$，其中 $w(x)$ 为本征模式，b 为传播常数。两个典型的数值计算谱如图 4.6（c）和图 4.6（d）所示，分别对应参数 $\alpha = 1.3$ 和 $\alpha = 1.7$ 的情况。在 PT 对称势中，观察到两个双重兼并的实数本征值的合并，导致在 $\chi = \chi_{cr}$ 处出现两个双重复共轭的本征值。χ_{cr} 是 PT 对称系统的相变点或对称破缺点。当 $\chi < \chi_{cr}$ 时，特征谱是完全实数的，当 $\chi > \chi_{cr}$ 时，特征谱则变为复数。当列维指数从 2 逐渐减小时，临界值 χ_{cr} 会单调减小〔见图 4.6（b）〕。当 $\alpha \leqslant 1.12$ 时，χ_{cr} 消失，意味着没有相变点。

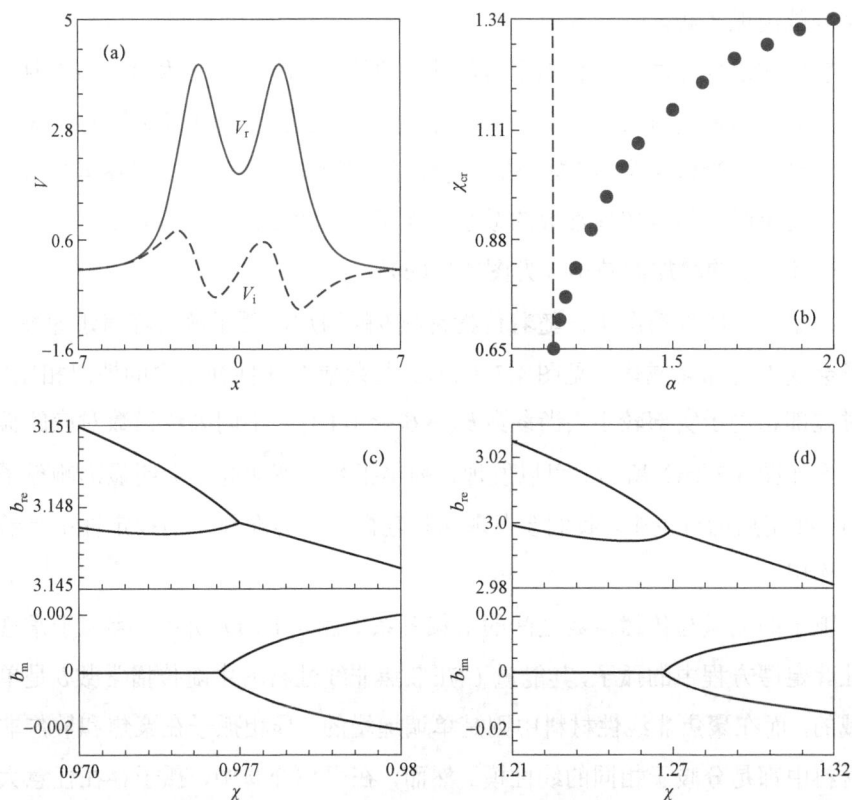

图 4.6　（a）势阱的剖面；（b）临界的相变点与列维指数之间的依赖关系。线性本征模的前两个特征值的实部和虚部：图（c）中 $\alpha = 1.3$；图（d）中 $\alpha = 1.7$ [45]

方程（4-4）对应非线性模的形式猜测为 $q(x,z)=w(x)\exp(ibz)$，其中 $w(x)$ 为复的光场剖面，b 为传播常数。将该式代入方程（4-4）中，可以得到

$$\frac{1}{2}\left(-\frac{\partial^2}{\partial x^2}\right)^{\alpha/2}w+bw-V(x)q+\gamma|w|^2w=0, \qquad (4-5)$$

非线性解可由平方算子迭代方法求得[27]。

4.2.3　数值结果与讨论

不失为一般性，根据解的实部的峰之间的相位关系，定义解的实部位异相的解为异相孤子解，解的实部同相的解为同相孤子解。当列维指数 $\alpha=1.7$ 时，临界相位转折点对应 $\chi_{cr}=1.262$〔见图 4.6（b）〕。因此，选择 $\chi=1$ 时，系统所有的线性谱均应为实值的。最大的特征值为 2.962，从该特征值对应的线性模能够分歧出孤子解。

散焦非线性介质中异相孤子解的典型剖面如图 4.7（a）和 4.7（c）所示。实部的峰与势能的峰分布一致。孤子解的实部是关于 $x=0$ 奇对称的，虚部则是偶对称的。当传播常数 b 较小时，虚部的振幅与实部相当〔见图 4.7（a）〕。在固定的 χ 时，随着传播常数的减小，孤子的峰值增加。在固定的 b 时，它们的峰值随着 χ 的增加而减小〔见图 4.7（c）〕。

在聚焦非线性情况下，随着传播常数 b 的增加，孤子解的峰值迅速增加，孤子会变得更加局域化〔见图 4.7（b）〕。与散焦非线性介质中的情况相比较，此时虚部相对于实部较小。当参数 $b=3.6$，$\chi=1$ 时，不同列维指数对应的孤子解剖面如图 4.7（d）所示。可以发现，列维指数的变化并不会明显影响孤子的分布。在稍后的讨论中，我们会发现这种轻微的差异在孤子的稳定性中起着关键的作用。

孤子的能量与传播常数之间的依赖关系如图 4.8（a）所示。类似于常规非线性薛定谔方程中的孤子，其能量 U 在散焦非线性材料中随传播常数 b 是单调递减的，而在聚焦非线性材料中则是单调递增的。异相孤子在聚焦和散焦非线性材料中都是分歧于相同的线性模。然而，在聚焦介质中，孤子存在任意大的传播常数 b，而在散焦介质中存在一个下截止值 b_{co}，且当 $b<b_{co}$ 时，孤子解不能被发现。

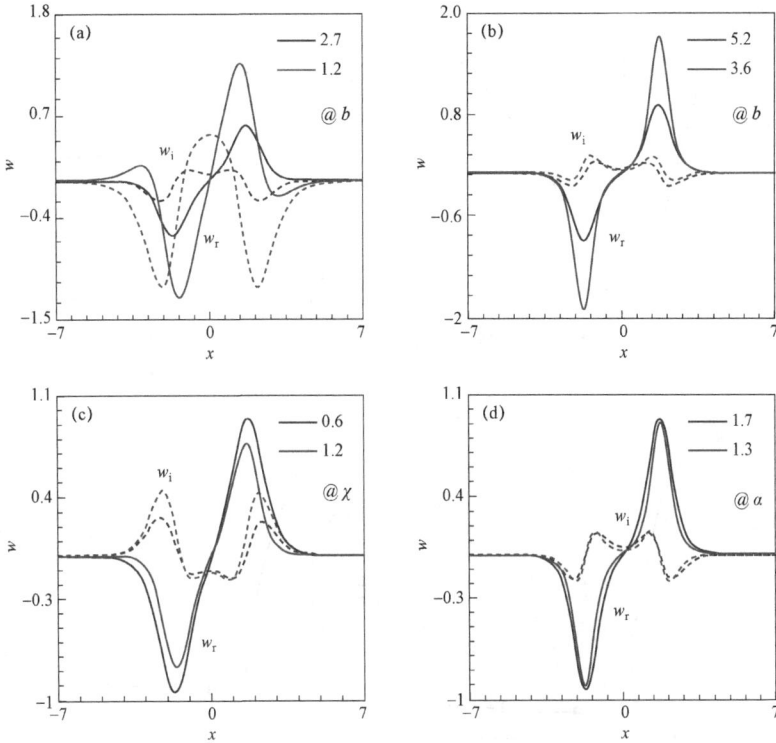

图 4.7　异相孤子解的剖面在散焦（a，c）和聚焦（b，d）非线性介质中的剖面。
图（c）中 $b=2.4$，图（d）中 $b=3.6$。在图（a）～图（c）中，$\alpha=1.7$，
在图（a）、图（b）和图（d）中 $\chi=1$ [45]

为了更加深入地了解的孤子的性质，我们数值计算了异相孤子的虚部振幅和实部振幅之间的比率 A_{ratio}，其结果显示在图 4.8（b）的上端。A_{ratio} 的值随着传播常数 b 的增加而减小。当传播常数 $b=2.962$ 时，A_{ratio} 的值平稳过渡，再次说明聚焦和散焦介质中的孤子是从相同的线性模分歧出来的。孤子的有效宽度（定义为：$w_{\text{eff}}=\sqrt{\int_{-\infty}^{\infty}|w|^2 x^2 \mathrm{d}x / U}$）减小意味着随着 b 的增加，孤子的局域程度变得更强，并且当 $b\to\infty$ 时趋于一个固定值。

为了研究非线性分数阶薛定谔方程支持的孤子解的稳定性，我们考虑静态孤子解的微扰解对应的特征值问题，微扰解形式为 $q(x,z)=\{w(x)+[u(x)-v(x)]\exp(\lambda z)+[u(x)+v(x)]^*\exp(\lambda^* z)\}\exp(ibz)$，这里 w 是静态解，u，$v\ll 1$ 是微小量，* 表示复共轭。代入该微扰形式到方程（4-4）中，可以得到耦合线性特征值方程

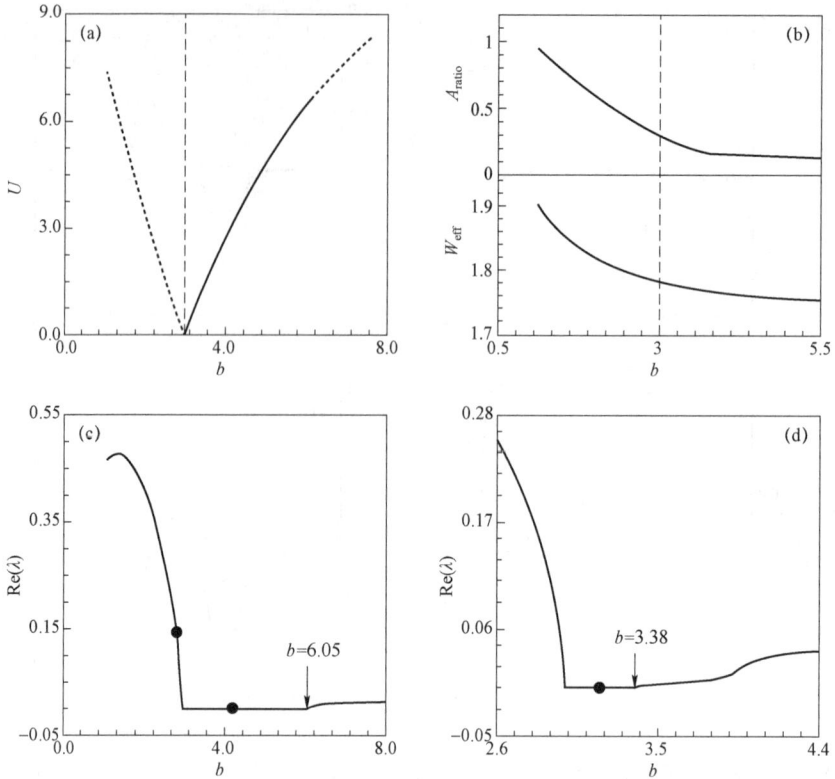

图 4.8 （a）分歧于相同线性模式的孤子解的功率分布，左侧对应散焦非线性，右侧对应聚焦非线性；实线对应稳定区域，虚线对应不稳定区域。（b）上端：虚部和实部最大值的比率；下端：孤子的有效宽度与传播常数之间的依赖关系。图（c）、图（d）为不稳定增长率与传播常数之间的依赖关系。图（a）~图（c）中 $\alpha=1.7$，图（d）中 $\alpha=1.3$。图（a）~图（d）中，$\chi=1$ [45]

$$\lambda\begin{bmatrix}u\\v\end{bmatrix}=-i\begin{bmatrix}i\gamma\mathrm{Im}\left(w^2\right)-iV_i & \hat{L}+\gamma\mathrm{Re}\left(w^2\right)\\\hat{L}-\gamma\mathrm{Re}\left(w^2\right) & -i\gamma\mathrm{Im}\left(w^2\right)-iV_i\end{bmatrix}\begin{bmatrix}u\\v\end{bmatrix},\qquad(4\text{-}6)$$

其中，$\hat{L}=-\dfrac{1}{2}\left(-\dfrac{\partial^2}{\partial x^2}\right)^{\alpha/2}-b+V_r-2\gamma\left|w\right|^2$。方程（4-6）可以用 Yang[38]提出的算法进行数值求解。孤子解的稳定性可通过线性算子的谱来判断。仅当特征值的实部等于零时孤子能够稳定传输。

当传播常数 $b\in[2.94,6.05]$ 时，异相孤子解是稳定的〔见图 4.8（a）〕。值得注意的是，在散焦非线性情况下，存在一个非常窄的稳定区域[2.94,2.96]。当聚焦介质中孤子功率超过一个临界值时，孤子会表现为震荡不稳定特征。图 4.8（c）

中最不稳定增长率表明，即使 $\chi=1$ 接近相位转折点 $\chi_{cr}=1.26$，孤子在相对宽的参数窗口内仍然可以稳定存在。减小的 χ 值将致使孤子在聚焦和散焦非线性介质中稳定区域的扩展。当列维指数 $\alpha=1.3$ 时，$\chi=1$ 的值超出了相应的对称破缺点 $\chi_{cr}=0.976$。尽管孤子的稳定区域被压缩，但仍然能在聚焦非线性介质中找到稳定的孤子〔见图 4.8（d）〕。这表明在相应的线性系统的谱完全复杂的情况下，稳定的孤子是可能的。这种现象可以通过文献［39］中报道的非线性诱导的 PT 转换特性来解释。

接下来，我们考虑另一类实部为同相的双峰孤子。同异相孤子相反，同相孤子的实部峰相互连接，且虚部呈现为奇对称性（见图 4.9）。在散焦非线性介质中，随着传播常数 b 的减小，虚部振幅增长速度比实部更快〔见图 4.9（a）〕。在 b 值相同时，具有较小 χ 值的孤子峰比具有较大 χ 值的孤子峰更高〔图 4.9（c）〕。在聚焦非线性介质中，孤子变得更加局域化。对于不同的列维指数时，孤子的剖面没有明显变化〔见图 4.9（d）〕，与异相孤子类似。再次强调，轻微的差异对孤子的稳定性质至关重要，因为它可以导致相变点的偏移，从而显著改变孤子的稳定性。

在散焦非线性介质中，异相孤子存在着传播常数的下截止值。同相位孤子也有着下截止值，且在截止值以下找不到非线性模式。如图 4.10（b）所示，孤子的下截止值随着增益/损耗的强度增加而增加，孤子的上截止值随 χ 的增长缓慢减小。换句话讲，在散焦非线性介质中，孤子的存在区域随着 χ 的增加而缩小。

同相孤子的稳定性与异相孤子相反。具体来讲，当参数 $\chi=1$，$\alpha=1.7$ 时，同相孤子的稳定区域为 $[1.876,3.092]$〔见图 4.10（c）〕。这个区域可以分两个部分：一个部分是 $[1.876,3.056]$，另一部分是 $[3.056,3.092]$。前者属于散焦非线性情况，而后者对应的狭窄区域属于聚焦非线性情况。

当增益/损耗强度 χ 减小时，孤子的稳定区域将迅速扩大。在散焦非线性介质中，当 $\alpha=1.7$，$\chi<0.85$ 时，同相孤子在整个存在区域内都是稳定的。当 $\chi=0.6$ 时，稳定性分析的结果如图 4.10（c）所示。尽管在聚焦非线性时孤子的不稳定增长率类似于 $\chi=1.0$ 时势阱中孤子的不稳定增长率。当 $\chi=0.6$ 时，散焦非线性介质中孤子的不稳定性完全消失。图 4.10（c）中标记的孤子特征谱显示在图 4.10（d）中。

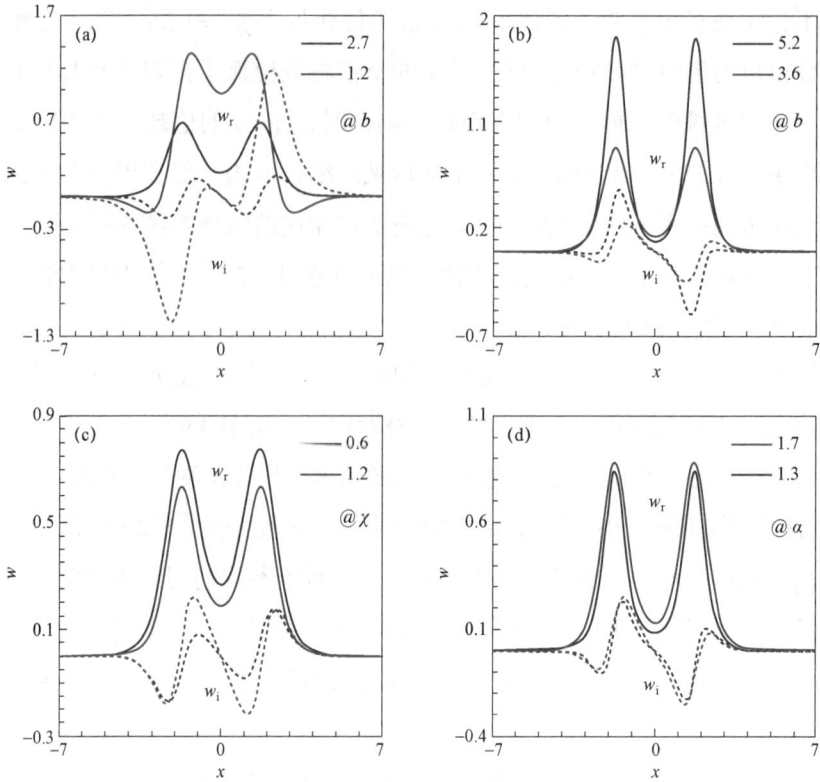

图 4.9 同相孤子在散焦图（a）、图（c）和聚焦图（b）、图（d）非线性介质中的剖面。
图（c）中 $b = 2.7$ ，图（d）中 $b = 3.6$ 。图（a）、图（b）、图（d）中， $\chi = 1$ ；
图（a）、图（b）、图（c）中， $\alpha = 1.7$ [45]

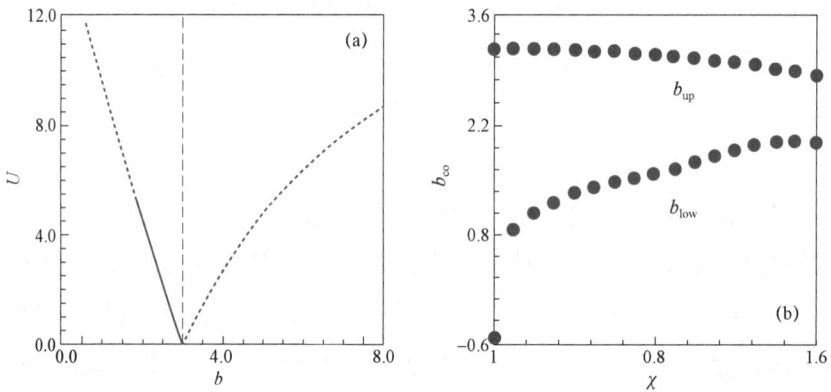

图 4.10 （a）异相孤子在散焦（左侧）和聚焦（右侧）中，分歧于相同线性模的功率对传
播常数的依赖关系。实线对应稳定区域，虚线对应不稳定区域。（b）散焦非线性介质中孤
子的存在区域。（c）不同 χ 值时孤子的不稳定增长率与传播常数的关系。（d）传播常数
$b = 1.23$ （上端）和 $b = 2.48$ （下端）时孤子的线性特征谱[45]

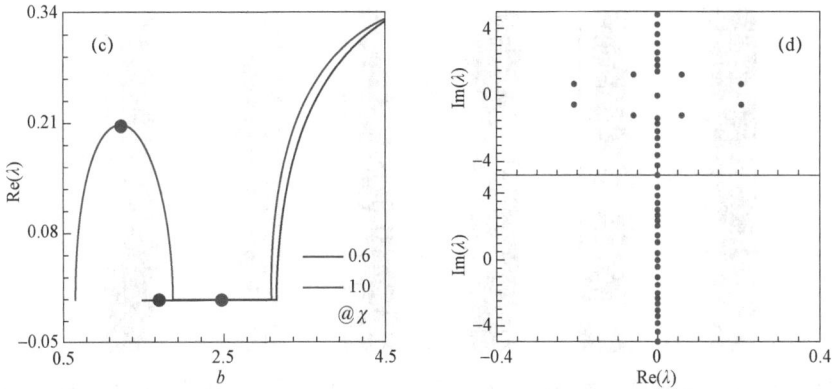

图 4.10　（a）异相孤子在散焦（左侧）和聚焦（右侧）中，分歧于相同线性模的功率对传播常数的依赖关系。实线对应稳定区域，虚线对应不稳定区域。（b）散焦非线性介质中孤子的存在区域。（c）不同 χ 值时孤子的不稳定增长率与传播常数的关系。（d）传播常数 $b=1.23$ （上端）和 $b=2.48$ （下端）时孤子的线性特征谱[45]

　　为了验证线性稳定性分析结果的预测，我们通过分步傅里叶方法对孤子的动力学行为进行了模拟。直接的数值模拟结果与线性稳定分析的预测结果一致。典型的代表性例子显示在图 4.11 中。在散焦非线性介质中，$b=2.8$ 对应的不稳定异相孤子在两个峰之间进行能量交换〔见图 4.11（a）〕。在具有较低或中等功率的聚焦介质中，异相孤子可以稳定地传播很长的距离〔见图 4.11（b）〕。超过相变点之后，聚焦介质中稳定孤子的发现也是有可能的〔见图 4.11（c）〕。

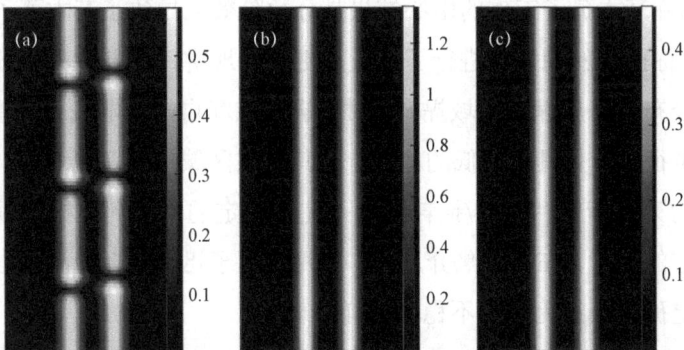

图 4.11　图（a）和图（b）为图 4.8（c）和图 4.8（d）标记的异相孤子；图（d）～图（f）为图 4.10（c）标记的同相孤子的演化行为。（a）$b=2.8$，$z=600$；（b）$b=4.2$，$z=6\,000$；（c）$b=3.18$，$z=6\,000$；（d）$b=1.23$，$z=60$；（e）$b=2.48$，$z=6\,000$；（f）$b=1.71$，$z=6\,000$。图（a）～图（e）中，$\chi=1$；图（f）中，$\chi=0.6$。图（b）和图（c）对应聚焦非线性情况，其他分图对应散焦非线性情况。图（c）中，$\alpha=1.3$；其他图中，$\alpha=1.7$ [45]

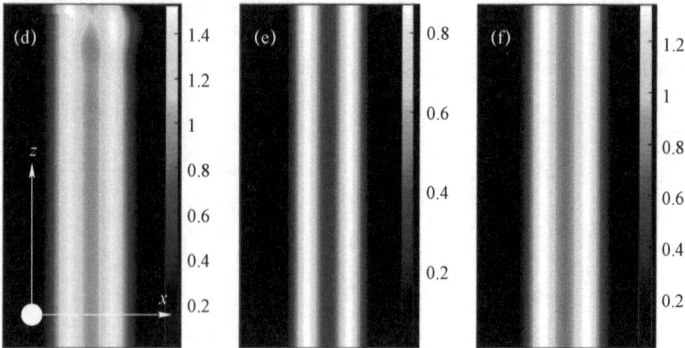

图 4.11　图（a）和图（b）为图 4.8（c）和图 4.8（d）标记的异相孤子；图（d）～图（f）为图 4.10（c）标记的同相孤子的演化行为。（a）$b=2.8$，$z=600$；（b）$b=4.2$，$z=6\,000$；（c）$b=3.18$，$z=6\,000$；（d）$b=1.23$，$z=60$；（e）$b=2.48$，$z=6\,000$；（f）$b=1.71$，$z=6\,000$。图（a）～图（e）中，$\chi=1$；图（f）中，$\chi=0.6$。图（b）和图（c）对应聚焦非线性情况，其他分图对应散焦非线性情况。图（c）中，$\alpha=1.3$；其他图中，$\alpha=1.7$ [45]

聚焦非线性介质中不稳定同相孤子的峰值会在某些传播距离处突然增长〔见图 4.11（d）〕。在散焦非线性介质中，$\chi=0.6$ 时，所有同相孤子在整个存在区域内都是稳定的〔见图 4.11（f）〕。

4.3　本章小结

PT 对称基本孤子工作的中心结果是分数阶效应导致了基本孤子的重塑，并对 PT 对称孤子的稳定性进行了修改。更具体地讲，随着列维指数的减小，孤子的场分布显著压缩和局域提升。对于自聚焦和自散焦非线性，基本孤子源于相同的本征模，且具有较低的能量。在其存在区域的较宽区域内，基本孤子对于适度的列维指数和增益/损耗系数是完全稳定的。当列维指数很小时，会出现不稳定的孤子。在自聚焦介质中，不稳定孤子迅速耗散，而在自散焦介质中，不稳定孤子表征为调制不稳定或耗散现象。

在 PT 对称双峰孤子工作中，研究了在具有 PT 对称势的非线性分数阶薛定谔方程支持的双峰孤子的特性。在聚焦和散焦克尔非线性介质中，非线性态分歧于相同的线性模式。异相孤子的稳定性特性与同相位孤子相反。在相对较大的增益/损耗强度下，虽然在聚焦非线性介质中可以找到稳定的异相孤子，在散焦非线性介质中可以找到稳定的同相孤子。随着增益/损耗强度的降低，这两类孤子的稳定区域都会扩展。列维指数的变化会改变系统的相变点，从而改变孤子的稳定性。在对称性破裂点之后仍有可能存在稳定孤子。这些结果和分析方法可以推广到周期性 PT 对称分数系统中研究光孤子动力学行为，或者推广到带有外部势的分数 Gross-Pitaevskii 方程中研究物质波孤子的性质。

4.4　本章参考文献

[1] LASKIN N. Fractional quantum mechanics and Lévy path integrals[J]. Physics Letters A, 2000, 268(4-6): 298-305.

[2] LASKIN N. Fractional quantum mechanics[J]. Physical Review E, 2000, 62(3): 3135.

[3] LASKIN N. Fractional Schrödinger equation[J]. Physical Review E, 2002, 66(5): 056108.

[4] LONGHI S. Fractional Schrödinger equation in optics[J]. Optics letters, 2015, 40(6): 1117-1120.

[5] ZHANG Y, LIU X, BELIĆ M R, et al. Propagation dynamics of a light beam in a fractional Schrödinger equation[J]. Physical review letters, 2015, 115(18): 180403.

[6] ZHANG Y, ZHONG H, BELIĆ M R, et al. PT symmetry in a fractional Schrödinger equation[J]. Laser & Photonics Reviews, 2016, 10(3): 526-531.

[7] ZHANG Y, ZHONG H, BELIĆ M R, et al. Diffraction-free beams in fractional Schrödinger equation[J]. Scientific Reports, 2016, 6(1): 23645.

[8] HUANG C, DONG L. Beam propagation management in a fractional Schrödinger equation[J]. Scientific Reports, 2017, 7(1): 1-8.

[9] HUANG X, DENG Z, FU X. Dynamics of finite energy Airy beams modeled by the fractional Schrödinger equation with a linear potential[J]. JOSA B, 2017, 34(5): 976-982.

[10] ZHANG Y, WANG R, ZHONG H, et al. Optical Bloch oscillation and Zener

tunneling in the fractional Schrödinger equation[J]. Scientific Reports, 2017, 7(1): 17872.

[11] ZHANG Y, WANG R, ZHONG H, et al. Resonant mode conversions and Rabi oscillations in a fractional Schrödinger equation[J]. Optics Express, 2017, 25(26): 32401-32410.

[12] ZHONG W P, BELIĆ M, ZHANG Y. Accessible solitons of fractional dimension[J]. Annals of Physics, 2016, 368:110-116.

[13] ZHONG W P, BELIĆ M R, MALOMED B A, et al. Spatiotemporal accessible solitons in fractional dimensions[J]. Physical Review E, 2016, 94(1): 012216.

[14] ZHANG L, LI C, ZHONG H, et al. Propagation dynamics of super-Gaussian beams in fractional Schrödinger equation:from linear to nonlinear regimes[J]. Optics express, 2016, 24(13): 14406-14418.

[15] HUANG C, DONG L. Gap solitons in the nonlinear fractional Schrödinger equation with an optical lattice[J]. Optics Letters, 2016, 41(24): 5636-5639.

[16] ZHANG L, HE Z, CONTI C, et al. Modulational instability in fractional nonlinear Schrödinger equation[J]. Communications in Nonlinear Science and Numerical Simulation, 2017, 48:531-540.

[17] ZHANG D, ZHANG Y, ZHANG Z, et al. Unveiling the link between fractional Schrödinger equation and light propagation in honeycomb lattice[J]. Annalen der Physik, 2017, 529(9): 1700149.

[18] BENDER C M, Boettcher S. Real spectra in non-Hermitian Hamiltonians having PT symmetry[J]. Physical review letters, 1998, 80(24): 5243.

[19] BENDER C M, BOETTCHER S, MEISINGER P N. PT-symmetric quantum mechanics[J]. Journal of Mathematical Physics, 1999, 40(5): 2201-2229.

[20] MUSSLIMANI Z, MAKRIS K G, EL-GANAINY R, et al. Optical solitons in PT periodic potentials[J]. Physical Review Letters, 2008, 100(3): 030402.

[21] RÜTER C E, MAKRIS K G, EL-GANAINY R, et al. Observation of parity-time symmetry in optics[J]. Nature physics, 2010, 6(3): 192-195.

[22] NIXON S, GE L, YANG J. Stability analysis for solitons in PT-symmetric

optical lattices[J]. Physical Review A, 2012, 85(2): 023822.

[23] KARTASHOV Y V, HANG C, HUANG G, et al. Three-dimensional topological solitons in PT-symmetric optical lattices[J]. Optica, 2016, 3(10): 1048-1055.

[24] KONOTOP V V, YANG J, ZEZYULIN D A. Nonlinear waves in PT-symmetric systems[J]. Reviews of Modern Physics, 2016, 88(3): 035002.

[25] HUANG C, YE F, KARTASHOV Y V, et al. PT symmetry in optics beyond the paraxial approximation[J]. Optics Letters, 2014, 39(18): 5443-5446.

[26] HERRMANN R. Fractional calculus:an introduction for physicists[M]. Singapore:World Scientific, 2011.

[27] YANG J. Nonlinear waves in integrable and nonintegrable systems[M]. Philadelphia:SIAM, 2010.

[28] HUANG C, DENG H, ZHANG W, et al. Fundamental solitons in the nonlinear fractional Schrödinger equation with a-symmetric potential[J]. Europhysics Letters, 2018, 122(2): 24002.

[29] MAKRIS K G, EL-GANAINY R, CHRISTODOULIDES D, et al. Beam dynamics in PT symmetric optical lattices[J]. Physical Review Letters, 2008, 100(10): 103904.

[30] GUO A, SALAMO G, DUCHESNE D, et al. Observation of PT-symmetry breaking in complex optical potentials[J]. Physical review letters, 2009, 103(9): 093902.

[31] ABDULLAEV F K, KARTASHOV Y V, KONOTOP V V, et al. Solitons in PT-symmetric nonlinear lattices[J]. Physical Review A, 2011, 83(4): 041805.

[32] HE Y, ZHU X, MIHALACHE D, et al. Lattice solitons in PT-symmetric mixed linear-nonlinear optical lattices[J]. Physical Review A, 2012, 85(1): 013831.

[33] ZHOU K, GUO Z, WANG J, et al. Defect modes in defective parity-time symmetric periodic complex potentials[J]. Optics letters, 2010, 35(17): 2928-2930.

[34] SHI Z, JIANG X, ZHU X, et al. Bright spatial solitons in defocusing Kerr media with PT-symmetric potentials[J]. Physical review A, 2011, 84(5): 053855.

[35] KARTASHOV Y V, MALOMED B A, TORNER L. Unbreakable PT symmetry of solitons supported by inhomogeneous defocusing nonlinearity[J]. Optics letters, 2014, 39(19): 5641-5644.

[36] YANG J. Symmetry breaking of solitons in one-dimensional parity-time-symmetric optical potentials[J]. Optics letters, 2014, 39(19): 5547-5550.

[37] JISHA C P, ALBERUCCI A, BRAZHNYI V A, et al. Nonlocal gap solitons in PT-symmetric periodic potentials with defocusing nonlinearity[J]. Physical Review A, 2014, 89(1): 013812.

[38] YANG J. Partially PT symmetric optical potentials with all-real spectra and soliton families in multidimensions[J]. Optics Letters, 2014, 39(5): 1133-1136.

[39] KARTASHOV Y V, KONOTOP V V, TORNER L. Topological states in partially-PT-symmetric azimuthal potentials[J]. Physical review letters, 2015, 115(19): 193902.

[40] NIXON S, YANG J. Nonlinear light behaviors near phase transition in non-parity-time-symmetric complex waveguides[J]. Optics Letters, 2016, 41(12): 2747-2750.

[41] LAUGHLIN R B. Anomalous quantum Hall effect:an incompressible quantum fluid with fractionally charged excitations[J]. Physical Review Letters, 1983, 50(18): 1395.

[42] WEN J, ZHANG Y, XIAO M. The Talbot effect:recent advances in classical optics, nonlinear optics, and quantum optics[J]. Advances in optics and photonics, 2013, 5(1): 83-130.

[43] KUNDU A, SERADJEH B. Transport signatures of Floquet Majorana fermions in driven topological superconductors[J]. Physical review letters, 2013, 111(13): 136402.

[44] OLIVAR-ROMERO F, ROSAS-ORTIZ O. Factorization of the quantum fractional oscillator;proceedings of the Journal of Physics:Conference Series, F, 2016[C]. IOP Publishing.

[45] DONG L, HUANG C. Double-hump solitons in fractional dimensions with a PT-symmetric potential[J]. Optics Express, 2018, 26(8): 10509-10518.

第 5 章
准周期光学晶格分数阶系统中光的
局域和非局域

5.1 引 言

　　光束在周期和无序结构中的局域是光子和光学的基础[1-7]。波包在周期晶格中是无限扩展的，而晶格中的非线性或结构缺陷会导致局域态的形式。在一维或二维无序晶格中，波包表征为指数局域[8-11]。

　　长程有序的准周期结构是介于严格周期和无序系统之间的中间结构[12-20]。在准周期结构中，局域的、临界的和扩展的态被发现存在，并且扩展的模式能够通过改变结构参数转变为局域模式。准周期系统中的局域-非局域转换（LDT）特性在不可通约势、奥布里-安德烈半离散模型、斐波那契链的连续模型、双色晶格势中已经被长期探索。先前的研究结果表明，局域-非局域转换点可以通过调节准周期结构中的两个简单晶格的相对强度，以及相似结构的旋转角度来控制。

　　值得注意的是，尽管准周期系统中的 LDT 进行了大量的研究，但基于分数阶薛定谔方程研究准周期晶格中线性模的存在性质还未被揭露。分数阶薛定谔方程是标准量子力学的扩展，方程中二阶空间导数被分数列维指数替代[21-23]。由于分数阶导数的存在，波函数发生了较大的变化，这在光学领域的两个重要工作中得到了证实。对应的工作为：分数阶量子谐振子[24]以及曲折轨迹传播[25]。

80

不久之后，一些基于线性或非线性薛定谔方程的有趣的研究相继被报道，包括无衍射光束[26]、PT 对称[27]、共振模式转换和拉比震荡[28]、传播管理[29]、高斯光束的传播动力学[30]以及孤子动力学[31-38]。这些结果表明，分数阶薛定谔方程描述的光学系统在本征模的形式或演化以及孤子的产生或稳定方面，都有很好的应用前景。

由此，产生了一个有趣的问题：分数列维指数是如何影响准周期晶格中的局域-非局域转换，以及晶格结构无序或非线性如何改变波包在晶格中的局域特性？这个工作的目的是为上述问题提供答案。我们研究一维分数阶薛定谔方程的本征模性质，并考虑了无序和非线性对这种分数阶准晶结构支持的本征模特性的影响。

5.2　理论模型

这里，我们考虑的光学晶格横向分布为准周期晶格分布，光束沿着 z 轴传输。光束演化过程可由下列分数阶薛定谔方程描述[24,25]：

$$i\frac{\partial \psi}{\partial z}=\frac{1}{2}\left(-\frac{\partial^2}{\partial x^2}\right)^{\alpha/2}\psi-V(x)\psi。\qquad(5\text{-}1)$$

该无维化方程中，ψ 表示场包络，z 正比于传播距离。$(-\partial^2/\partial x^2)^{\alpha/2}$ 为分数阶拉布拉斯算子，$1<\alpha\leqslant 2$ 为列维指数。函数 $V(x)=p_1\cos(\Omega_1 x)+p_2\cos(\Omega_2 x)$ 描述晶格准周期调制。其中，Ω_1 和 Ω_2 为两个周期子晶格的空间频率；p_1 和 p_2 为两个子晶格的格子深度。在光学中，准周期晶格可以由两个周期不可通约的晶格叠加而成[39]。在光学中，准周期晶格可以由两个周期不可通约的晶格叠加而成。当工作波长 $\lambda=1\,550$ nm 的光束在横向特征尺度为 8 μm 的硅中传播时，调制深度 $p_1=1$ 对应的真实调制深度为 $\delta n\sim 6.6\times 10^{-4}$，$x=1$ 和 $z=1$ 在横向和纵向对应的真实距离大约分别为 8 μm 和 12.7 mm。

方程（5-1）的线性特征模的数值形式可以表示为 $\psi(x,z)=\phi(x)\exp(i\beta z)$，其中 $\phi(x)$ 为线性模的剖面，β 为线性模对应的特征值。将该表达式代入到方程（5-1）中，我们可以得到线性特征值方程：$\beta\phi(x)=[-1/2\,(-\partial^2/\partial x^2)^{\alpha/2}+V(x)\phi(x)]$。该特征值问题可以应用傅里叶谱收集方法求解。我们设置物理参

数 $\Omega_2 = 2$，$p_1 = 1$，以及变化参数 α 和 p_2 来研究最大特征值对应的线性模的局域-非局域转换特性。线性模的局域程度可由形式因子（$\chi = U^{-2} \int_{-\infty}^{+\infty} |\phi|^4 \, dx$）和有效宽度（$w_{\text{eff}} = \left[U^{-1} \int_{-\infty}^{+\infty} |\phi|^2 (x - x_c)^2 \, dx \right]^{1/2}$）两个物理量来表征，这里 $U = \int_{-\infty}^{+\infty} |\phi|^2 \, dx$ 为线性模式的能量，$x_c = U^{-1} \int_{-\infty}^{+\infty} |x\phi|^2 \, dx$ 为模式的中心位置。线性模的形式因子反比于其对应的有效宽度，即形式因子越高意味着模式越局域。

5.3　结果与讨论

5.3.1　准周期晶格中的局域–非局域转换

基于线性分数阶薛定谔方程，我们首先研究了最大特征值对应的线性模式的性质。不同调制深度 p_2 的模式剖面如图 5.1（a）～图 5.1（c）所示。随着列维指数 α 的减小，线性模发生非局域-局域转换所需要的调制深度 p_2 逐渐增加〔见图 5.1（d）〕。同时，我们发现局域模式的局域程度随着列维指数减小逐渐增加。

在分数维系统中，我们对线性模的非局域-局域转换特性进行了一个系统的分析。典型的不局域到局域的转换现象随着子晶格深度 p_2 的增加被观察到〔见图 5.2（a）、图 5.2（c）〕。显然，随着列维指数 α 的增加，非局域-局域转换点逐渐减小，该结果同图 5.1（a）～图 5.1（c）的结果相吻合。值得注意的是：当子晶格深度 p_1 减半时，非局域-局域转换点在整个存在区域中提升〔见图 5.2（b）〕。这意味着线性模的局域-非局域转换点对应的值由两个子晶格的深度竞争决定〔见图 5.2（c）〕。换句话说，子晶格深度 p_1 越小，对应的非局域-局域转换点 p_2 的值就越大，反之亦然。随着列维指数 α 的减小，非局域-局域转换的过程看起来更光滑。该现象可以用系统的非局部特性来解释，即列维指数 α 越小，系统的非局部效应越强。因此，对于一个小的列维指数 α，这里存在一个截断区间 Δp_2 为临界态。尽管这里我们重点考虑的是基本模式的局域和非局域特性，我们也对高阶模式的局域特性进行了计算，并在定量上发现了类似的局域特征。上述提及的现象是分数维准周期晶格支持的线性模非局域-局域转换的重要特性。然而，居于转换点之上（或附近）的局域（或临界）态的存在性也受到外界效应的影响，如弱的无序或非线性效应。

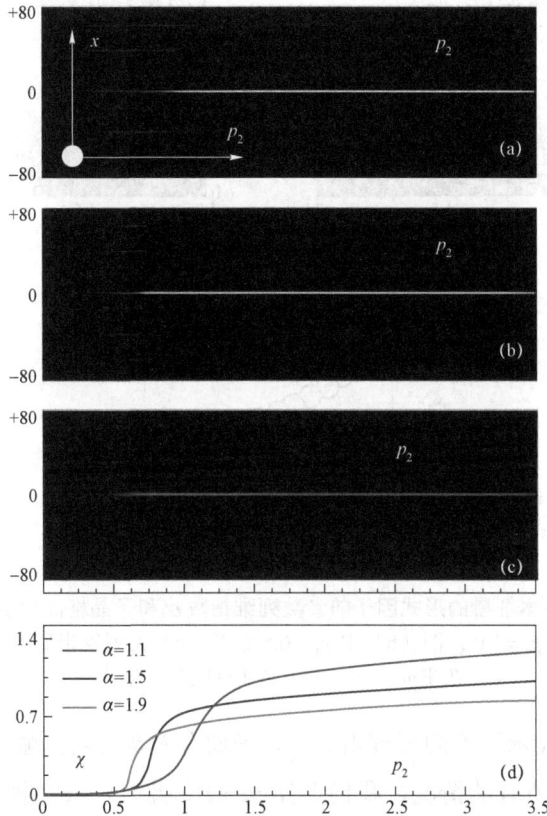

图 5.1　图（a）～图（c）为最大线性特征值对应的线性模模场分布。图（a）中 $\alpha=1.1$，图（b）中 $\alpha=1.5$，图（c）中 $\alpha=1.9$。图（d）为不同列维指数时，线性本征模的形式因子随 p_2 的增加而变化的情况。所有分图中，$p_1=1.0$，$\Omega_1=\sqrt{5}+1$，$\Omega_2=2$ [40]

5.3.2　弱无序对准周期晶格支持的模式局域特性研究

在本节中，我们在准周期晶格中引入结构无序效应，对应的光学结构可表示为 $V(x)=p_1\cos(\Omega_1 x)+p_2\cos(\Omega_2 x)+a_r\rho(x)$，这里 $\rho(x)$ 是一个随机函数，其对应的平均值为 $\langle\rho(x)\rangle=0$，方差为 $\langle\rho^2(x)\rangle=1$，$a_r$ 是振幅随机调制的强度。

正如上一小节所做的，我们将 $V(x)$ 代入方程（5-1），并找到这种无序晶格支持的线性模式。鉴于其无序的随机特性，我们考量的结果是基于 $N=10^3$ 的平均结果。

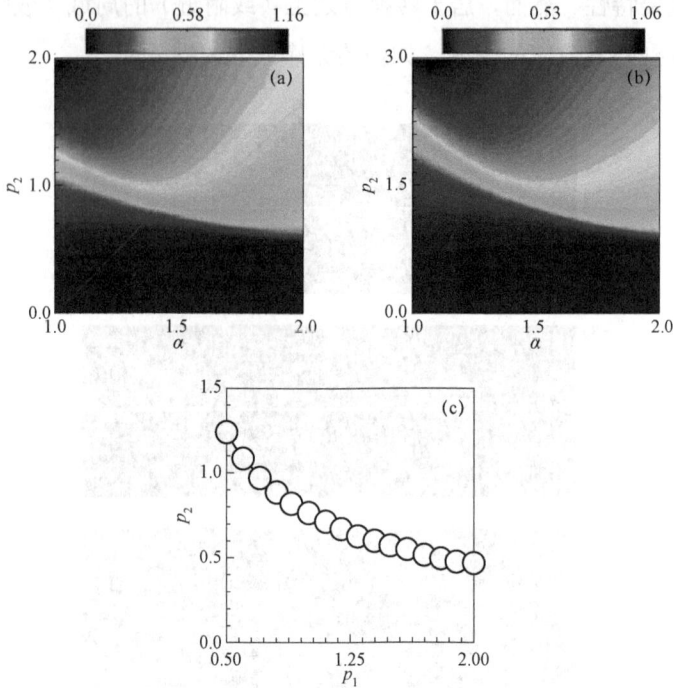

图 5.2　线性本征模的形式因子随参数列维指数 α 和子晶格深度 p_2 的变化。
图（a）中 $p_1=1.0$，图（b）中 $p_1=0.5$。图（c）为列维指数 $\alpha=1.5$ 时，
在平面（p_1，p_2）内 LDT 的阈值[40]

图 5.3（a）显示了不同列维指数 α，平均有效宽度对振幅随机调制强度的依赖关系。对于所有的情况，我们选择 $p_2=1$。此时，线性模式对于 $a_r=0$ 也是局域的。有趣的是：逐渐增加无序并不会立即促使线性模式更加局域；相反，模式的有效宽度随着 a_r 的增加而增大，直到有效宽度在某一个 a_r 的临界值处达到最大值。随后，进一步增加 a_r，线性模式会变得越来越局域。这种模式宽度随着无序水平的初始增加的现象称为"安德森非局域"，该现象也在彭罗斯型的光子准晶结构中被揭露。在分数维系统中，这种"安德森非局域"现象随着列维指数 α 的减小变得更加明显〔见图 5.3（a）〕。对应不同的列维指数，发生最大平均有效宽度时的振幅随机调制的强度水平基本保持不变（$a_r \approx 0.006$）。

在无序水平 $a_r = 0.03$、列维指数 $\alpha \geq 1.3$ 时，线性模的有效宽度仍然大于 $a_r = 0$ 时的有效宽度。当振幅随机调制的强度 a_r 足够大时，无序水平占据主导地位，因而晶格分布不再是长程有序的。这时，我们将观察到该系统中模式为指数局域分布。当系统中无序水平较弱时，非局域态能够转换为局域态〔见图 5.3（b）〕。在相同的无序水平下，我们比较了局域模式和扩展模式的平均有效宽度。当 $a_r = 0.03$，$\alpha = 1.5$ 时，它们的平均有效宽度分别是 4.44 和 19.53，其对应的结果分布在图 5.3（a）和 5.3（b）中。该特性表明：如果要实现相同的平均有效宽度，非局域模式相对于局域模式需要更高的无序水平。此外，在结构无序出席的情况下，线性模式的中心位置和局域程度是可变的〔见图 5.3（c）和图 5.3（d）〕。

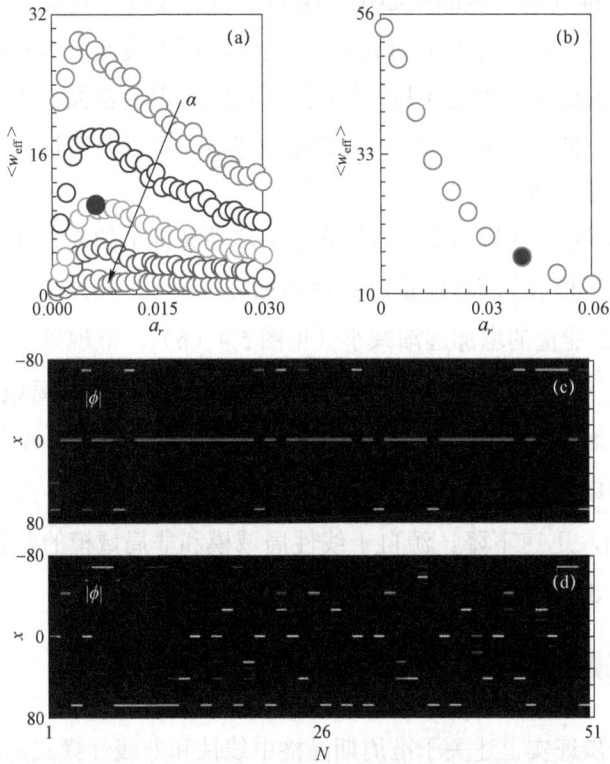

图 5.3 （a）最大线性本征模的平均有效宽度与参数 a_r 的依赖关系。箭头表示随着参数 α 的增加，其取值分别为 1.1、1.3、1.5、1.7、1.9。（b）非局域本征模的平均有效宽度随参数 a_r 的变化关系。图（c）、图（d）1 000 个线性本征模中的任意 50 个随机扰动下的模式分布情况，对应于图（a）和图（b）中的实心圆。图（a）中 $p_2 = 1.2$；图（b）中 $p_2 = 0.65$；图（a）～图 d）中，$p_1 = 1, \Omega_1 = \sqrt{5} + 1, \Omega_2 = 2$ [40]

5.3.3 弱自聚焦非线性对模式局域特性的研究

当分数维系统引入自聚焦克尔非线性时，光束的传输方程可写为

$$i\frac{\partial \psi}{\partial z} = \frac{1}{2}\left(-\frac{\partial^2}{\partial x^2}\right)^{\alpha/2}\psi - V(x)\psi - |\psi|^2\Psi \text{。} \tag{5-2}$$

为了研究非线性存在时模式的局域特性，我们将表达式 $\Psi(x,z) = \phi_{nl}\exp(i\beta z)$ 代入到方程（5-2）中，可以得到非线性特征值方程：$\beta\phi_{nl}(x) = \tilde{H}_\alpha\phi_{nl}(x)$。其中，$\tilde{H}_\alpha = -1/2\,(-\partial^2/\partial x^2)^{\alpha/2} + [V(x) + |\phi_{nl}(x)|^2]$，$\phi_{nl}(x)$ 为非线性特征模的剖面。最大特征对应的非线性模可由下列自洽迭代方法求解：我们首先假设准周期晶格的中心位置略高于其他区域（如果引入了弱无序水平，晶格的最大振幅位置将是确定的），这时，可以找到结构的局域（缺陷）模式。我们对求得的模式进行归一化，并得到 $|\phi_{nl}(x)|^2$ 的剖面，最后应用 $|\phi_{nl}(x)|^2$ 来计算特征值。通过反复求解，并设定收敛条件，可以获得最大特征值对应的非线性模式和本征值。

如图 5.4 所示，局域和非局域模在弱非线性条件下的性质被研究。线性局域模的平均特征值 $\langle\beta\rangle$ 随着能量 U 线性增加〔见图 5.4（a）〕，其对应的平均有效宽度 w_{eff} 随着能量的增加逐渐减小〔见图 5.4（b）〕。该现象表明：即使在弱无序水平条件下，介质的聚焦非线性进一步增强了本征模的局域程度。然而，对于线性非局域模，弱的聚焦非线性对平均特征值和平均有效宽度的影响是较弱的。当功率超过一定阈值 $U \approx 0.070\,8$，聚焦非线性变得占主导位置，此时，急剧增加，迅速下降。源自于线性局域模和非局域模的非线性本征模的场模分布如图 5.4（e）和图 5.4（f）所示。

5.3.4 传播模拟验证

为了进一步证实上述关于准周期晶格中线性和非线性模式的结果，我们应用四阶龙格库塔方法进行直接的传播数值模拟，再现上述提及的特性。线性和非线性态能够通过输入高斯光束来激励产生，高斯光束的形式为 $\phi(x,z=0) = A\exp(-x^2/d^2)$，其中，$d \equiv 0.5$。典型的线性和非线性传播例子如图 5.5 所示。我们设定局，$p_2 = 1.2$，$\Omega_1 = \sqrt{5}+1$，$\Omega_2 = 2$。在弱无序水平 $a_r = 0.006$

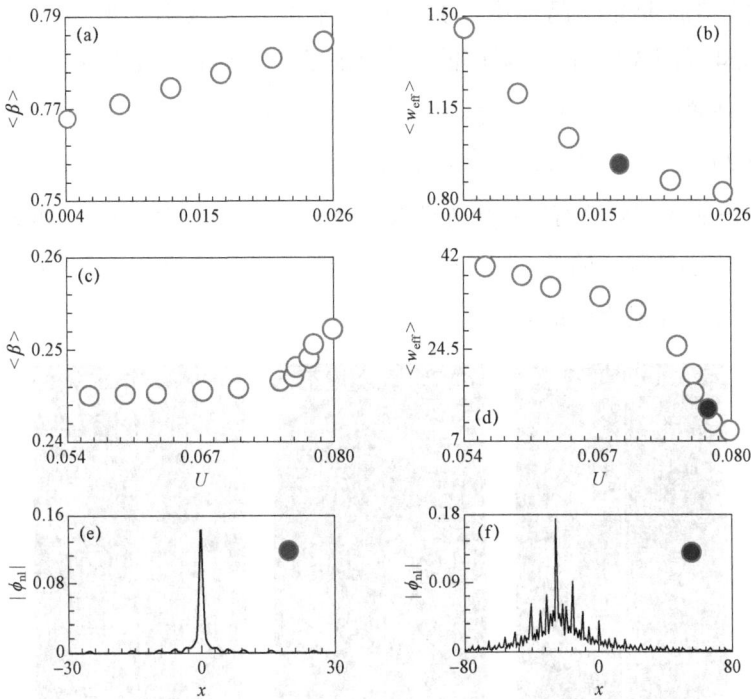

图 5.4 非线性本征模的平均特征值〔图（a）、图（c）〕和有效宽度〔图（b）、图（d）〕与能量 U 的关系[40]。显示结果为 1 000 个随机扰动实现。图（b）和图（d）中实心圆圈标记的非线性模式显示在图（e）和图（f）中。图（a）、图（b）、图（c）中，$p_2 = 1.2$。图（c, d, f）中，$p_2 = 0.4$。其他共有物理参数为：$p_1 = 1.0$，$a_r = 0.006$，$\Omega_1 = \sqrt{5} + 1$，$\Omega_2 = 2$

时，我们检测了传播距离 $z = 1 200$ 处线性态的有效宽度，并且发现几乎所有线性态的有效宽度相对于纯碎的准周期晶格中的线性模的有效宽度要大〔图 5.5（a）、图 5.5（c）、图 5.6（a）〕。该结构表明：安德森非局域现象确实发生在较小随机振幅扰动的准周期晶格中。当子晶格的深度替换为 $p_1 = 0.65$，线性特征模在 $a_r = 0$ 时是扩展的〔图 5.2（c）、5.5（b）、5.6（b）〕。当结构引入无序水平 $a_r = 0.04$ 时，几乎所有的线性态在 $z = 2 400$ 处的有效宽度相对于纯碎的准周期晶格中的线性模的有效宽度要小。并且在该情况下，我们发现最小的有效宽度为 3.044〔图 5.6（b）〕。因此，在引入弱无序水平情况下，传输演化的平均结果再现了从非局域到局域转换的物理现象〔图 5.5（d）〕。接下来，为了确保与图 5.4（b）和图 5.4（d）中实心圆标记的非线性模式有着相同的能量，我们设定输入光束

的振幅为 $A=0.164\,2$ 和 $A=0.351\,9$ 来激发非线性态〔图 5.5（e）和 5.5（f）〕。

在纯碎的准周期光学晶格中，其对应的非线性局域本征模的有效宽度为 $w_{\text{eff}}=1.924$ 〔图 5.6（a）〕，对应的非线性态的平均有效宽度为 $\langle w_{\text{eff}}\rangle=1.553\,9$；然而，在纯碎的准周期光学晶格中，其对应的非线性局域本征模的有效宽度为 $w_{\text{eff}}=25.26$ 〔图 5.6（b）〕，对应的非线性态的平均有效宽度为 $\langle w_{\text{eff}}\rangle=2.970\,3$。因此，聚焦非线性能够有效地压缩非线性态的有效宽度〔图 5.6（c）和 5.6（d）〕。这里，我们必须强调的是，图 5.6 中不同传输距离处的结果可能不同，但在定量上，上述结论是不变的。

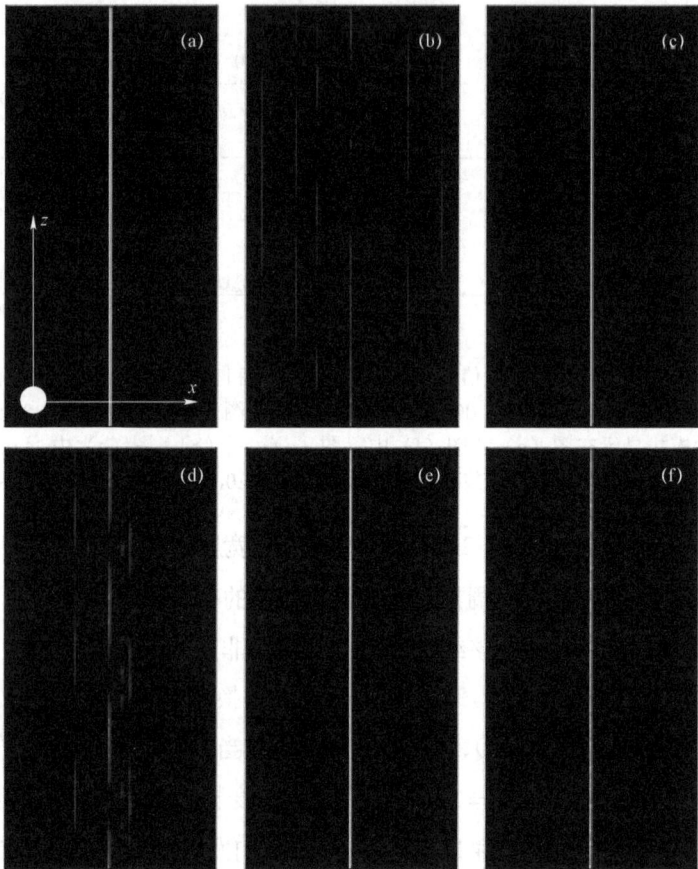

图 5.5　线性和非线性高斯光束传输结果图[40]。图（a）和图（b）对应于图 5.6（a）和图 5.6（b）中的虚线。图（c）～图（f）对应于图 5.6（a）～图 5.6（d）中的实心圆圈标记。图（a）、图（c）、图（e）中，$z=1\,200$；图（b）、图（d）、图（f）中，$z=2\,400$

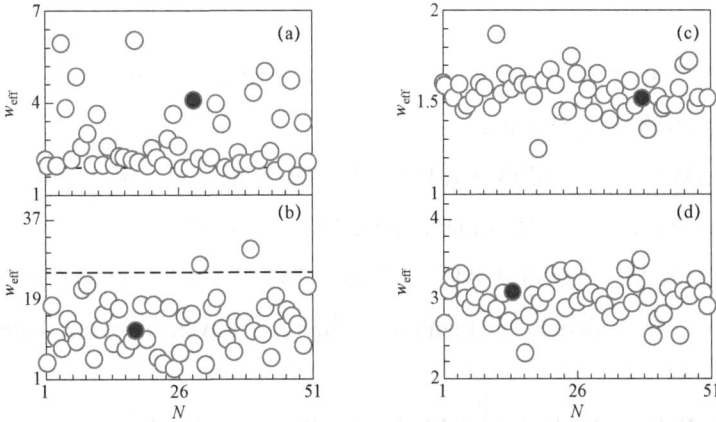

图 5.6　应用高斯光束激励的任意 50 个线性［图（a）、图（b）］和非线性［图（c）、图（d）］模式的有效宽度[40]。图（a）、图（b）中，$A=1$；图（c）中 $A=0.164\,2, U=0.016\,9$；图（d）中 $A=0.351\,9, U=0.351\,9$。图（a）、图（c）中，$z=1\,200, p_1=1, p_2=1.2$；图（b）、图（d）中 $z=2\,400, p_1=1, p_2=0.65$。图（a）、图（c）、图（d）中，$a_r=0.006$；图（b）中，$a_r=0.04$。图（a）和图（b）中，虚线对应于 $a_r=0$ 时线性模式的有效宽度

5.4　本章小结

在这项工作中，我们研究了具有准周期晶格的分数维线性模的非局域-局域转换特性。我们发现，线性模的非局域-局域转换点的值与列维指数成反比，其也由两个子晶格的调制深度竞争决定。在确定的调制深度下，较小列维指数对应的局域模的局域程度更加显著。当我们在准周期晶格中引入弱无序水平时，"安德森非局域"现象能够被观察到。随着列维指数的减小，这种现象更加明显。此外，通过引入适当的弱无序水平，扩展或临界态可以转变为局域态。弱自聚焦非线性能够提高模式的局域程度。上述结果已通过直接的数值传播模拟证实。鉴于上述结论，我们认为，我们的结果能够激发对准周期晶格的分数维线性和非线性模式的其他特性研究，并期望类似的现象在二维或高维系统中观察到。

5.5 本章参考文献

[1] ANDERSON P W. Absence of diffusion in certain random lattices[J]. Physical review, 1958, 109(5): 1492.

[2] WIERSMA D S, BARTOLINI P, LAGENDIJK A, et al. Localization of light in a disordered medium[J]. Nature, 1997, 390(6661): 671-673.

[3] STÖRZER M, GROSS P, AEGERTER C M, et al. Observation of the critical regime near Anderson localization of light[J]. Physical review letters, 2006, 96(6): 063904.

[4] LONGHI S, MARANGONI M, LOBINO M, et al. Observation of dynamic localization in periodically curved waveguide arrays[J]. Physical review letters, 2006, 96(24): 243901.

[5] SZAMEIT A, GARANOVICH I L, HEINRICH M, et al. Observation of two-dimensional dynamic localization of light[J]. Physical review letters, 2010, 104(22): 223903.

[6] SOUKOULIS C M. Photonic crystals and light localization in the 21st century[M]. Berlin:Springer Science & Business Media, 2012.

[7] GARANOVICH I L, LONGHI S, SUKHORUKOV A A, et al. Light propagation and localization in modulated photonic lattices and waveguides[J]. Physics Reports, 2012, 518(1-2): 1-79.

[8] JOHN S. Strong localization of photons in certain disordered dielectric superlattices[J]. Physical review letters, 1987, 58(23): 2486.

[9] ABRAHAMS E. 50 years of Anderson Localization[M]. Singapore:World scientific, 2010.

[10] SEGEV M, SILBERBERG Y, CHRISTODOULIDES D N. Anderson localization of light[J]. Nature Photonics, 2013, 7(3): 197-204.

[11] LÓPEZ J, LÓPEZ C. Optical properties of photonic structures: interplay of order and disorder[Z]. Boca Raton, FL:CRC Press-Taylor and Francis. 2016.

[12] AUBRY S, ANDRÉ G. Analyticity breaking and Anderson localization in incommensurate lattices[J]. Ann. Israel Phys. Soc, 1980, 3(133): 18.

[13] KOHMOTO M. Metal-insulator transition and scaling for incommensurate systems[J]. Physical review letters, 1983, 51(13): 1198.

[14] THOULESS D. Bandwidths for a quasiperiodic tight-binding model[J]. Physical Review B, 1983, 28(8): 4272.

[15] LAHINI Y, PUGATCH R, POZZI F, et al. Observation of a localization transition in quasiperiodic photonic lattices[J]. Physical review letters, 2009, 103(1): 013901.

[16] MODUGNO M. Exponential localization in one-dimensional quasi-periodic optical lattices[J]. New Journal of Physics, 2009, 11(3): 033023.

[17] LEVI L, RECHTSMAN M, FREEDMAN B, et al. Disorder-enhanced transport in photonic quasicrystals[J]. Science, 2011, 332(6037): 1541-1544.

[18] GHULINYAN M. One-dimensional photonic quasicrystals[J]. Physics optics, 2015, 10(5): 99-119.

[19] BOGUSLAWSKI M, LUČIĆ N M, DIEBEL F, et al. Light localization in optically induced deterministic aperiodic Fibonacci lattices[J]. Physics optics, 2015, 19(1): 1-2.

[20] HANG C, KARTASHOV Y V, HUANG G, et al. Localization of light in a parity-time-symmetric quasi-periodic lattice[J]. Optics letters, 2015, 40(12): 2758-2761.

[21] LASKIN N. Fractional quantum mechanics and Lévy path integrals[J]. Physics Letters A, 2000, 268(4-6): 298-305.

[22] LASKIN N. Fractional quantum mechanics[J]. Physical Review E, 2000, 62(3): 3135.

[23] LASKIN N. Fractional schrödinger equation[J]. Physical Review E, 2002, 66(5): 056108.

[24] LONGHI S. Fractional Schrödinger equation in optics[J]. Optics letters, 2015, 40(6): 1117-1120.

[25] ZHANG Y, LIU X, BELIĆ M R, et al. Propagation dynamics of a light beam in a fractional Schrödinger equation[J]. Physical review letters, 2015, 115(18): 180403.

[26] ZHANG Y, ZHONG H, BELIĆ M R, et al. Diffraction-free beams in fractional Schrödinger equation[J]. Scientific Reports, 2016, 6(1): 23645.

[27] ZHANG Y, ZHONG H, BELIĆ M R, et al. PT symmetry in a fractional Schrödinger equation[J]. Laser & Photonics Reviews, 2016, 10(3): 526-531.

[28] ZHANG Y, WANG R, ZHONG H, et al. Resonant mode conversions and Rabi oscillations in a fractional Schrödinger equation[J]. Optics Express, 2017, 25(26): 32401-32410.

[29] HUANG C, DONG L. Beam propagation management in a fractional Schrödinger equation[J]. Scientific Reports, 2017, 7(1): 1-8.

[30] ZANG F, WANG Y, LI L. Dynamics of Gaussian beam modeled by fractional Schrödinger equation with a variable coefficient[J]. Optics Express, 2018, 26(18): 23740-23750.

[31] HUANG C, DONG L. Gap solitons in the nonlinear fractional Schrödinger equation with an optical lattice[J]. Optics Letters, 2016, 41(24): 5636-5639.

[32] HUANG C, DENG H, ZHANG W, et al. Fundamental solitons in the nonlinear fractional Schrödinger equation with a-symmetric potential[J]. Europhysics Letters, 2018, 122(2): 24002.

[33] DONG L, HUANG C. Double-hump solitons in fractional dimensions with a PT-symmetric potential[J]. Optics Express, 2018, 26(8): 10509-10518.

[34] XIAO J, TIAN Z, HUANG C, et al. Surface gap solitons in a nonlinear fractional Schrödinger equation[J]. Optics Express, 2018, 26(3): 2650-2658.

[35] DONG L, HUANG C. Composition relation between nonlinear Bloch waves and gap solitons in periodic fractional systems[J]. Materials, 2018, 11(7): 1134.

[36] WANG Q, LI J, ZHANG L, et al. Hermite-gaussian-like soliton in the nonlocal nonlinear fractional schrödinger equation[J]. Europhysics Letters,

2018, 122(6): 64001.

[37] YAO X, LIU X. Solitons in the fractional Schrödinger equation with parity-time-symmetric lattice potential[J]. Photonics Research, 2018, 6(9): 875-879.

[38] CHEN M, ZENG S, LU D, et al. Optical solitons, self-focusing, and wave collapse in a space-fractional Schrödinger equation with a Kerr-type nonlinearity[J]. Physical Review E, 2018, 98(2): 022211.

[39] DAMSKI B, ZAKRZEWSKI J, SANTOS L, et al. Atomic Bose and Anderson glasses in optical lattices[J]. Physical review letters, 2003, 91(8): 080403.

[40] HUANG C, SHANG C, LI J, et al. Localization and Anderson delocalization of light in fractional dimensions with a quasi-periodic lattice[J]. Optics Express, 2019, 27(5): 6259-6267.

第 6 章
分数维系统中的耗散表面孤子

6.1 引 言

光束在具有增益和损耗的介质中传播表现出许多新颖的光学现象：超强透射和反射[1]、单方向不可见[2]、PT 对称孤子[3-6]等。上述诸多现象与 PT 对称晶格相关，线性增益和线性损耗呈现为奇数对称分布。当耗散缺陷，即线性增益存在时，光纤布拉格光栅中的孤子[7]和共振光子晶体中的两个相干光脉冲间的相互作用[8]被揭示。在这一方向，设计线性增益和非线性损耗的光学系统也是非常有意思的。一维的光学晶格中的边缘和体耗散孤子[9]、耗散缺陷模式[10]，耗散表面孤子[11]，二维光学结构中的耗散孤子[12]、冲击波[13]，以及涡流孤子[14]均有被研究。

2015 年，Longhi 将分数阶薛定谔方程首次引入光学领域，并提出了分数阶薛定谔方程的实现方案[15]。在分数阶薛定谔方程中，二阶空间导数替换成分数的列维指数。在分数维系统中，光束的传播动力学研究引起了人们极大的兴趣。在线性情况下，"Z"字形轨迹传播[16]、无衍射光束[17]、拉比震荡[18]，以及光束传播管理[19]相继被揭示，在非线性情况下，高斯光束[20,21]、艾里光束的反常相互作用[22]、孤子动力学[23-27]相继被报道。

然而，据作者所知，在非线性分数阶薛定谔方程中引入线性增益和非线性损耗研究耗散孤子的报道还没有发表。因此，在分数维系统中，半无限啁啾晶格和均匀克尔介质之间的界面支持的耗散表面孤子的存在性和稳定性还有待被探索。

6.2　理论模型

我们考虑光束在自聚焦克尔材料中传播，涉及半无限啁啾格子、空间局域线性增益、非线性损耗等，可由无维化非线性分数阶薛定谔方程描述，即

$$i\frac{\partial \Psi}{\partial z}=\frac{1}{2}\left(-\frac{\partial^2}{\partial x^2}\right)^{\alpha/2}\Psi-(V_r-iV_i)\Psi-(1+i\kappa)|\psi|^2\Psi,\qquad(6\text{-}1)$$

这里，x 和 z 分别为归一化横向和纵向坐标；$(-\partial^2/\partial x^2)^{\alpha/2}$ 为分数拉布拉斯，为列维指数（$1<\alpha\leqslant 2$）；和 V_i 分别为折射率和线性增益的横向剖面；为非线性损耗系数（也称为双光子吸收强度）。在光学上，分数阶拉普拉斯算子描述的分数阶衍射效应可以在共振器系统[15]或透镜阵列[17]系统中通过实验实现，适当的相位板可以控制列维指数对应的 α 值。双光子吸收主要发生在脉冲激光产生的超强激光的焦点处[28]。

在下列讨论中，我们设置 $V_r(x)=p_{\text{re}}\sin^2(2x)[1-\tau|x|](x\geqslant 0)$，以及 $V_r=0\,(x<0)$。显然，这个表达式对于一个半无限啁啾调制晶格，p_{re} 为调制深度，τ 是一个小的常数，对应晶格的啁啾率。我们给定近表面格子通道中 $V_i(x)\propto V_r(x)$，即对于 $0\leqslant x\leqslant\pi/2$，$V_i(x)=p_{\text{im}}\sin^2(2x)[1-\tau|x|]$，对于其他区域，$V_i(x)\equiv 0$。其中，$p_{\text{im}}$ 是正数，表示线性增益系数。

耗散表面孤子解的静态解形式为 $\Psi(x,z)=\phi_{r,i}(x)\exp(i\beta z)=[\phi_r(x)+i\phi_i(x)]\exp(i\beta z)$。其中，$\phi_r$、$\phi_i$、$\phi_{r,i}$ 以及 $\phi=(\phi_r^2+\phi_i^2)^{1/2}$ 分别表示静态解的实部、虚部、复函数以及绝对值；β 为实的传播常数。将上述表达式代入方程（6-1），我们可以得到方程组

$$\beta\phi_{r,i}=-\frac{1}{2}\left(-\frac{\partial^2}{\partial x^2}\right)^{\alpha/2}\phi_{r,i}+V_r\phi_{r,i}+V_i\phi_{i,r}+\left(\phi_r^3+\phi_{i,r}^2\phi_{r,i}\right)\mp\kappa\left(\phi_{r,i}^2\phi_{i,r}+\phi_{i,r}^3\right),\qquad(6\text{-}2)$$

在平衡条件 $\int_{-\infty}^{+\infty}V_i\phi^2\mathrm{d}x=\kappa\int_{-\infty}^{+\infty}\phi^4\mathrm{d}x$ 的前提下，我们可以数值求解方程（6-2）。

6.3　一维耗散表面孤子

一维耗散表面孤子的典型剖面如图 6.1 所示，我们可以发现，随着参数 p_{im}

的增加，耗散表面孤子的场分布变得更加局域，并且几乎完全局域于近表面格子通道中〔图 6.1（a）和 6.1（b）〕。同传统薛定谔方程支持的耗散孤子解比较，非线性分数阶薛定谔方程支持的表面孤子宽度更窄〔图 6.1（c）〕。同时，格子的啁啾率也明显地影响孤子的场分布〔图 6.1（d）〕。耗散表面孤子的传播常数 β 为实数，其对应的值可由线性增益 V_i（或系数 p_{im}）和非线性系数 κ 决定。在下面的讨论中，我们设置 $p_{\mathrm{re}} \equiv 5$，并且变化 p_{im}，以及 τ 来讨论耗散表面孤子的性质。

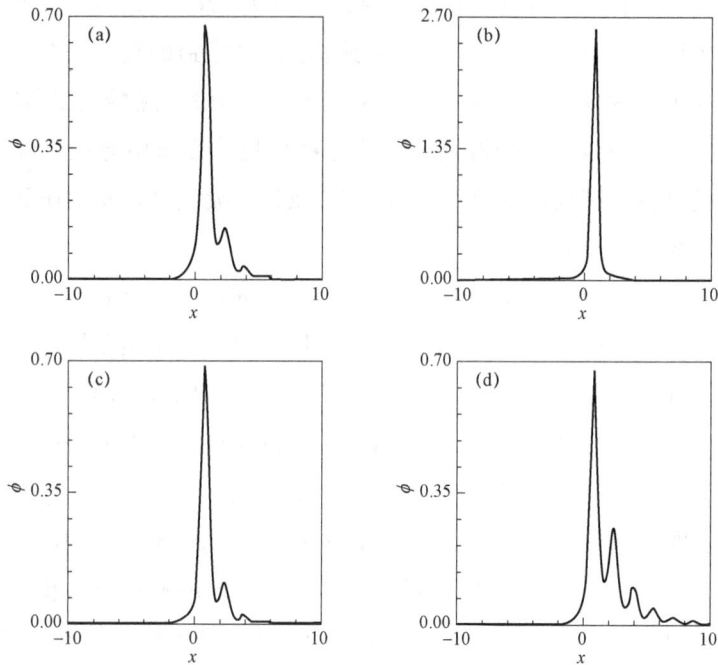

图 6.1　耗散表面孤子的剖面[29]。图（a）中，$\alpha = 1.4, p_{\mathrm{im}} = 0.08, \tau = 0.05$；图（b）中，$\alpha = 1.4, p_{\mathrm{im}} = 1.00, \tau = 0.05$；图（c）中，$\alpha = 1.2, p_{\mathrm{im}} = 0.08, \tau = 0.05$；图（d）中，$\alpha = 1.4, p_{\mathrm{im}} = 0.08, \tau = 0.01$；共有参数

一维耗散孤子解的能量 $U = \int_{-\infty}^{+\infty} |\phi|^2 \, \mathrm{d}x$ 与线性增益系数和格子的啁啾率之间的依赖关系如图 6.2 所示。对 3 个不同的列维指数，$U(p_{\mathrm{im}})$ 曲线是单调增加的〔图 6.2（a）〕，而 $U(\tau)$ 曲线是单调减少的〔图 6.2（c）〕。在自聚焦材料中，能量 U 和传播常数 β 的变化通常是一致的。对应地，β 随着 p_{im} 的增加或 τ 的减

小而增加。此外，值得提及的是，当 $p_{im}<1.41$，$\kappa=0.2$ 时，列维指数 α 越小[30]，传播常数 β 越大〔图 6.2（b）和 6.2（d）〕。

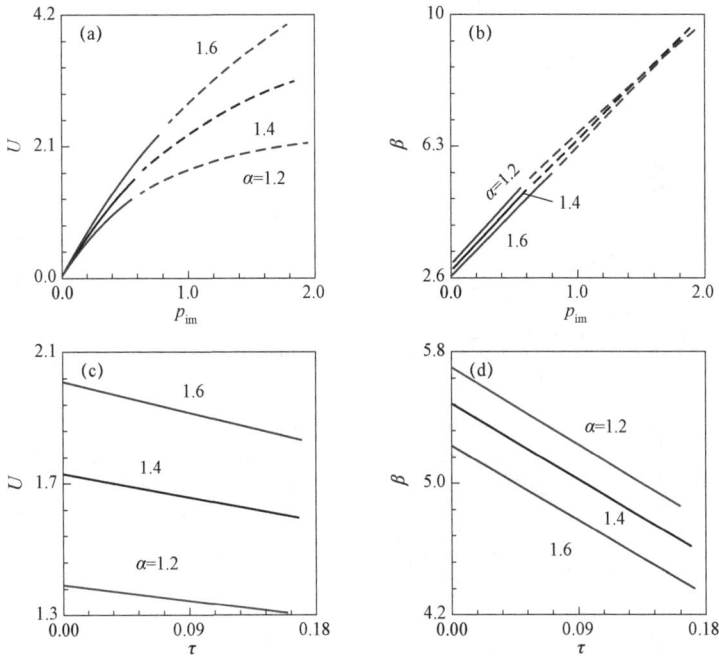

图 6.2　能量 U〔图（a）〕和传播常数 β〔图（b）〕随线性增益系数 p_{im} 对不同 α 的变化关系。图（a）和图（b）中，实线表示稳定区域，虚线表示不稳定区域。图（c）和图（d）绘制了能量 U 和传播常数 β 对晶格啁啾率 τ 的依赖关系[29]。图（a）和图（b）中，$\tau=0.05$；图（c）和图（d）中，$p_{im}=0.63$。图（a）～图（d）中，$\kappa=0.2$

　　耗散表面孤子的宽度与参数 p_{im}、τ、α 之间的关系也是值得研究的重要性质。这里将孤子的有效宽度定义为 $w_{eff}=\left[\int_{-\infty}^{+\infty}\phi^2(x-x_c)^2\mathrm{d}x\Big/\int_{-\infty}^{+\infty}\phi^2\mathrm{d}x\right]^{1/2}$，孤子剖面的中心坐标为 $x_c=\int_{-\infty}^{+\infty}\phi^2x\mathrm{d}x\Big/\int_{-\infty}^{+\infty}\phi^2\mathrm{d}x$。随着参数 p_{im} 的增加，孤子的有效宽度逐渐减小〔图 6.3（a）〕。通过分析耗散孤子解的剖面特征〔图 6.2（a）和图 6.3（a）〕，我们发现，耗散表面孤子的峰值随着线性增益系数 p_{im} 的增加而大幅增加。当晶格的啁啾率增加时，晶格通道之间的折射率差异变得更加显著，导致孤子的宽度变得更宽〔图 6.3（a）〕。正如图 6.3（c）所示，耗散表面孤子的存在区域（p_{im},κ）关于不同的列维指数 α 被考虑。随着 α 的增加，存在区域轻微的减小，直到增加到 $\kappa \approx 0.6$ 。然而，当 $\kappa > 0.6$ ，且值较大时，相应的存在区域下降得较快。

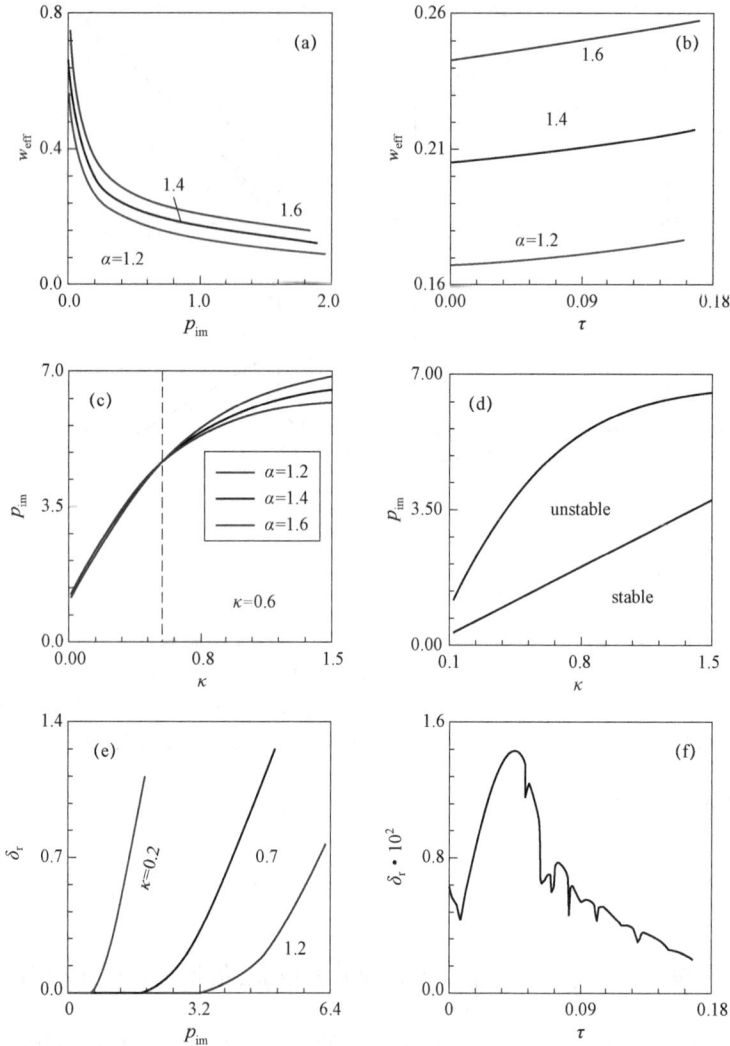

图 6.3 （a）耗散表面孤子的有效宽度与参数 p_{im} 的依赖关系。（b）耗散表面孤子的有效宽度与参数 τ 的依赖关系。（c）不同列维指数 α 的存在区域，虚线对应位置为 $\kappa = 0.6$ 。（d） $\alpha = 1.4$ 时耗散表面孤子的稳定和不稳定区域。（e）不同 κ 时扰动增长率与线性增益系数间的依赖关系。（f） $\alpha = 1.4$ 时扰动增长率与晶格啁啾率间的依赖关系[29]。
图（a）、图（b）、图（f）中， $\kappa = 0.2$ ；图（b）、图（f）中， $p_{im} = 0.63$ ；
图（a）、图（c）～图（e）中， $\tau = 0.05$ [29]

在该项工作中，研究耗散表面孤子的稳定性也是非常重要的。我们可以通过求解方程（6-1）的扰动解产生的特征值问题，来获得耗散孤子解的稳定性。扰动解的形式为 $\psi(x,z) = \{\phi_{ri}(x) + [f(x) - g(x)]\exp(\delta z) + [f(x) + g(x)]^{*}\exp(\delta^{*} z)\}$ $\exp(i\beta z)$，其中，$\delta = \delta_r + i\delta_i$，"*"为复共轭符号。将该扰动解的表达式代入方程（6-1），并对 ϕ_{ri} 进行线性化处理，可以得到如下特征值方程组：

$$\begin{cases} \delta f = -i\,(L_{11}f + L_{12}g), \\ \delta g = -i\,(L_{21}f + L_{22}g)。 \end{cases} \tag{6-3}$$

其中，

$$\begin{cases} L_{11} = -i\,[\operatorname{Im}(\phi_{r,i}^2) + \kappa\operatorname{Re}(\phi_{r,i}^2) + 2\kappa\left|\phi_{r,i}\right|^2 - V_i], \\ L_{12} = -\dfrac{1}{2}\left(-\dfrac{\partial^2}{\partial x^2}\right)^{\alpha/2} + 2\left|\phi_{r,i}\right|^2 + V_r - \beta + \kappa\operatorname{Im}(\phi_{r,i}^2) - \operatorname{Re}(\phi_{r,i}^2), \\ L_{21} = -\dfrac{1}{2}\left(-\dfrac{\partial^2}{\partial x^2}\right)^{\alpha/2} + 2\left|\phi_{r,i}\right|^2 + V_r - \beta - \kappa\operatorname{Im}(\phi_{r,i}^2) + \operatorname{Re}(\phi_{r,i}^2), \\ L_{22} = +i\,[\operatorname{Im}(\phi_{r,i}^2) + \kappa\operatorname{Re}(\phi_{r,i}^2) - 2\kappa\left|\phi_{r,i}\right|^2 + V_i]。 \end{cases} \tag{6-4}$$

该特征值方程可以应用傅里叶谱收集方法求解[31]。当 $\delta_r > 0$ 时，耗散孤子解不稳定，当 δ_r 为其他值时，耗散孤子解是稳定的。

如图 6.2（a）、图 6.2（b）、图 6.3（d）～图 6.3（f）所示，我们可以给出耗散表面孤子稳定性的一般结论。首先，稳定耗散表面孤子不仅仅由于非线性和衍射/折射之间的平衡，也包括线性增益和非线性损耗之间的平衡。其次，稳定耗散表面孤子通常具有较低的功率和较小的传播常数，并且耗散表面孤子的稳定区域随着列维指数 β 的减小而收缩〔图 6.2（a）和 6.2（b）〕。物理上，列维指数 α 越小，分数衍射算子的非局域性越强，这将致使非线性和衍射/折射之间弱平衡。再次，存在较宽的双光子吸收参数宽口来实现耗散表面孤子的稳定传输〔图 6.3（d）〕。此外，随着非线性系数的增加，孤子的稳定区域逐渐增加。当参数 κ 等于 0.2、0.7、1.2 时，其对应的存在区域中稳定的区域分别为 28.04%、34.84%、48.17%〔图 6.3（e）〕。最后，我们发现孤子的不稳定性随着晶格啁啾率的增加而被抑制〔图 6.3（f）〕。因此，调节啁啾率是获得稳定耗散孤子的有效途径。

典型的稳定和不稳定的耗散表面孤子的传播演化如图 6.4（a）和图 6.4（b）所示。对于不稳定的耗散表面孤子，孤子形状在有限的距离内是保持的，随后迅速消散开来〔图 6.4（b）〕。当双光子系数较强时，在空间分数维系统中也可以发现稳定的耗散表面孤子〔图 6.4（c）〕。此外，我们对稳定耗散表面孤子进行了激励。初始输入光场的表达式为 $\phi(x,z=0)=\exp[-(x-x_0)^2/d^2]$，其中，$x_0=\pi/4$ 为近表面格子通道的中心，$d=\pi/2$ 为高斯光束的宽度。非线性态在参数和 $\kappa=1.5$ 时，稳定的演化如图 6.4（d）和图 6.4（e）所示。

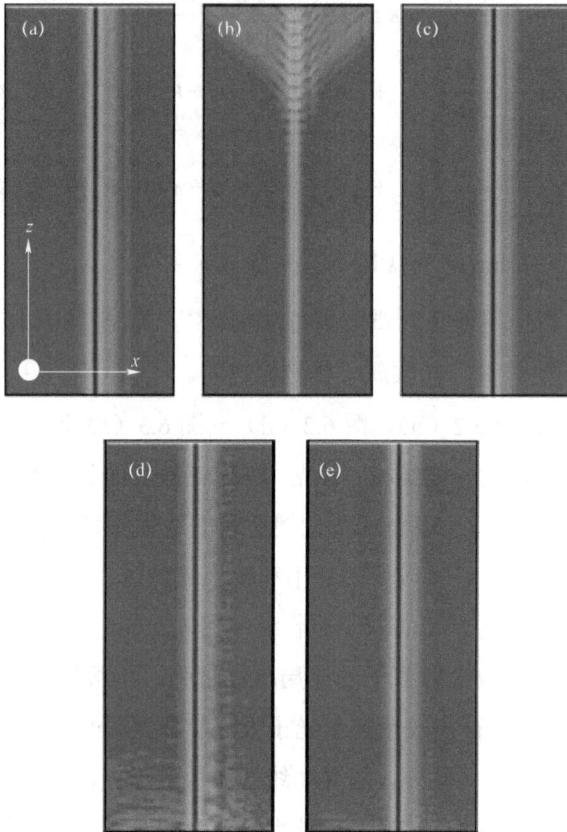

图 6.4　图（a）、图（c），耗散表面孤子的稳定传输；图（b），耗散表面孤子的不稳定传输；图（d）、图（e），耗散表面孤子的激励演化过程。图（a）和（d）中，$p_{\text{im}}=0.2,\kappa=0.2,z=3\,000$；图（b）中，$p_{\text{im}}=1.5,\kappa=0.2,z=30$；图（c）和（e）中，$p_{\text{im}}=1.5,\kappa=1.2,z=3\,000$。共有物理参数有：$\alpha=1.4,\tau=0.05$ [29]

6.4　二维耗散表面孤子

　　类似的特征也应该在二维系统中出现，稳定的二维耗散表面孤子的存在也应该被观察到。为了探究二维耗散表面孤子的存在性，我们基于下列二维非线性分数阶薛定谔方程进行求解：

$$i\frac{\partial \psi}{\partial z} = \frac{1}{2}\left(-\frac{\partial^2}{\partial x^2} - \frac{\partial^2}{\partial y^2}\right)^{\alpha/2} \psi - (V_r - iV_i)\psi - (1+i\kappa)|\psi|^2 \Psi \, 。 \quad (6-5)$$

这里，x、y 为归一化横向坐标，二维啁啾调制格子的表达式为 $V_r(x,y) = p_{re}\sin^2(2x)\sin^2(2y)[1-\tau|x|][1-\tau|y|]$，$x$、$y$ 限定在第一象限。增益表达式 $V_i(x,y)$ 局域在近表面格子通道，$0 \leqslant x$，$y \leqslant \pi/2$，并同 $V_r(x,y)$ 具有相同的剖面，且 $\max(V_r/V_i) \equiv p_{re}/p_{im}$。二维啁啾晶格和增益典型剖面如图 6.5（a）所示。从图 6.5（b）和 6.5（c）可以看出，在固定的 α 值时，二维耗散孤子在不同的 p_{im} 时局域得很好。在这两种情况下，非线性模式的主峰居位于近表面格子通道中。然而，随着线性增益的增加，耗散表面孤子的旁瓣逐渐消失。与一维情况类似，对于不同的参数 α 或 κ，耗散孤子的存在区域存在上截止值。

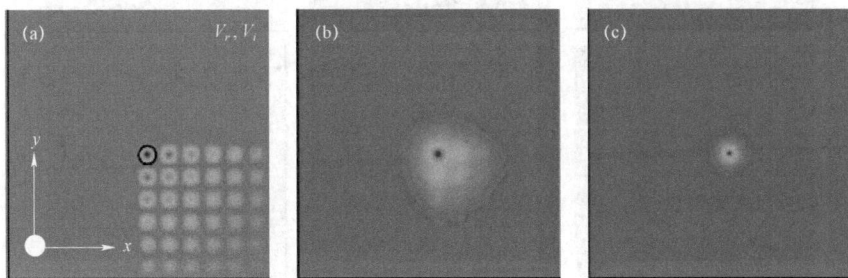

图 6.5　图（a），二维啁啾晶格和增益图示例；图（b）、图（c）二维耗散表面孤子的场分布[29]。图（b）中，$p_{im} = 0.1$；图（c）中，$p_{im} = 5.0$。
共有参数为：$\alpha = 1.6, \kappa = 1.0, \tau = 0.1, x, y \in [-3\pi, +3\pi]$

　　二维耗散表面孤子的能量 $U = \int\limits_{-\infty}^{+\infty}\int\limits_{-\infty}^{+\infty}|\phi|^2 \mathrm{d}x\mathrm{d}y$ 与参数 p_{im} 之间的依赖关系如图 6.6 所示。然而，对于较小的列维指数，二维耗散孤子的能量曲线不再单调增加。当 p_{im} 超过一个临界值时，如 $p_{im} = 6.74$，$\alpha = 1.4$，能量曲线随着 p_{im} 的

增加缓慢减小。我们也检测了二维耗散孤子的传播常数 β 与参数 p_{im} 之间的变化关系，如图 6.6（b）所示。传播常数 β 通常情况下，在较大的 α 和 τ 时随着 p_{im} 的增长而增加。在自聚焦材料中，异常之处是，对于较小的 α 或 τ 在 p_{im} 的上截止值处 $d\beta/dp_{im} < 0$。

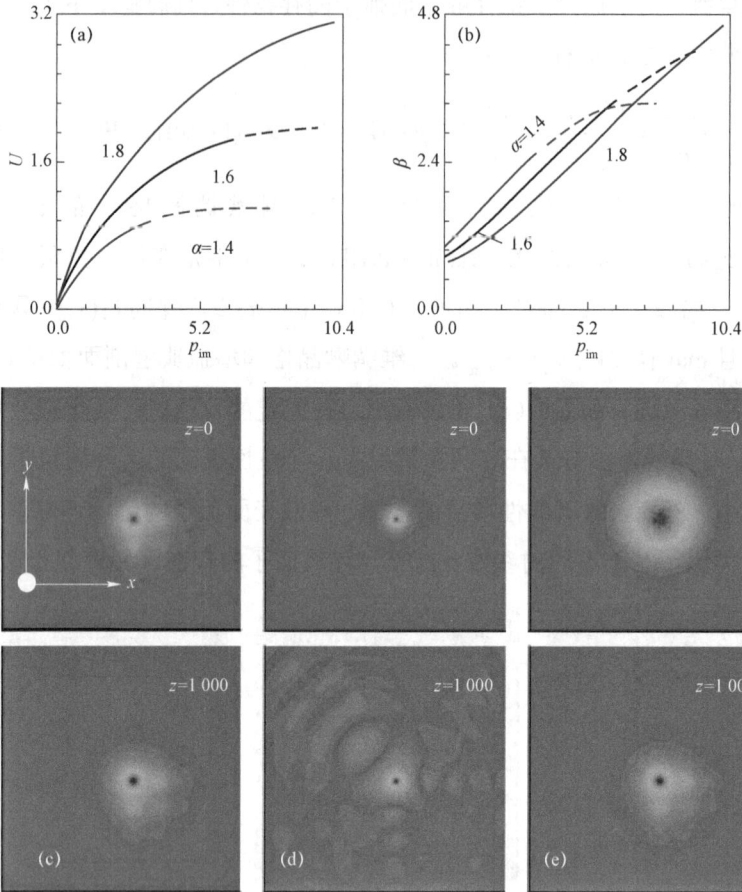

图 6.6 二维表面耗散孤子的能量 U [图（a）] 和传播常数 β [图（b）] 与线性增益系数 p_{im} 的依赖关系。图（c）稳定，图（d）不稳定，图（e）为高斯激励的二维表面耗散孤子。图（a）和图（c）中， $p_{im}=1.0, \alpha=1.6, \kappa=1.0$；图（b）中， $p_{im}=7.0, \alpha=1.6, \kappa=1.0$。在图（c）～图（e）中， $x,y \in [-7,+7], \tau=0.1$ [29]

最后，我们发现二维稳定的耗散表面孤子有一个宽的存在区域，当 α 或 τ 较小时不稳定的孤子存在于上截止区域附近。典型的稳定和不稳定的二维耗散表面孤子如图 6.6（c）和 6.6（d）所示。此外，稳定的二维耗散表面孤子能通过二维高斯光束激励产生［图 6.6（e）］。

6.5 本章小结

在本项工作中，我们基于非线性分数阶薛定谔方程研究了一维和二维耗散表面孤子的光学特性，包括其存在性和稳定性。在一维系统中，耗散表面孤子的存在区域取决于固定非线性损耗下线性增益系数的上截止值。线性稳定分析和传播数值模拟吻合得很好。稳定的耗散表面孤子有着较低能量和小的传播常数。能够通过增加格子啁啾率来抑制孤子的不稳定性。在分数维系统中，稳健的耗散表面孤子能够通过初始入射的高斯光束激励产生。二维耗散表面孤子的类似特性也有被发现和研究。

6.6 本章参考文献

[1] WU J, YANG X. Ultrastrong extraordinary transmission and reflection in PT-symmetric Thue-Morse optical waveguide networks[J]. Optics Express, 2017, 25(22): 27724-27735.

[2] LIN Z, RAMEZANI H, EICHELKRAUT T, et al. Unidirectional invisibility induced by PT-symmetric periodic structures[J]. Physical Review Letters, 2011, 106(21): 213901.

[3] MUSSLIMANI Z, MAKRIS K G, EL-GANAINY R, et al. Optical solitons in PT periodic potentials[J]. Physical Review Letters, 2008, 100(3): 030402.

[4] NIXON S, GE L, YANG J. Stability analysis for solitons in PT-symmetric optical lattices[J]. Physical Review A, 2012, 85(2): 023822.

[5] KONOTOP V V, YANG J, ZEZYULIN D A. Nonlinear waves in PT-symmetric systems[J]. Reviews of Modern Physics, 2016, 88(3): 035002.

[6] MALOMED B A, MIHALACHE D. Nonlinear waves in optical and matter-wave media:a topical survey of recent theoretical and experimental results[J]. Rom. J. Phys, 2019(64): 106.

[7] MAK W C, MALOMED B A, CHU P L. Interaction of a soliton with a localized gain in a fiber Bragg grating[J]. Physical Review E, 2003, 67(2): 026608.

[8] MEL'NIKOV I V, AITCHISON J S. Gap soliton memory in a resonant photonic crystal[J]. Applied Physics Letters, 2005, 87(20).

[9] KARTASHOV Y V, VYSLOUKH V A. Edge and bulk dissipative solitons in modulated PT-symmetric waveguide arrays[J]. Optics Letters, 2019, 44(4): 791-794.

[10] KARTASHOV Y V, KONOTOP V V, VYSLOUKH V A, et al. Dissipative defect modes in periodic structures[J]. Optics letters, 2010, 35(10): 1638-1640.

[11] KARTASHOV Y V, KONOTOP V V, VYSLOUKH V A. Dissipative surface solitons in periodic structures[J]. Europhysics Letters, 2010, 91(3): 34003.

[12] KARTASHOV Y V, KONOTOP V V, VYSLOUKH V A. Two-dimensional dissipative solitons supported by localized gain[J]. Optics letters, 2011, 36(1): 82-84.

[13] KARTASHOV Y V, KAMCHATNOV A M. Two-dimensional dispersive shock waves in dissipative optical media[J]. Optics Letters, 2013, 38(5): 790-792.

[14] KARTASHOV Y V, KONOTOP V V, VYSLOUKH V A, et al. Vortex lattice solitons supported by localized gain[J]. Optics letters, 2010, 35(19): 3177-3179.

[15] LONGHI S. Fractional Schrödinger equation in optics[J]. Optics letters, 2015, 40(6): 1117-1120.

[16] ZHANG Y, LIU X, BELIĆ M R, et al. Propagation dynamics of a light beam in a fractional Schrödinger equation[J]. Physical review letters, 2015, 115(18): 180403.

[17] ZHANG Y, ZHONG H, BELIĆ M R, et al. Diffraction-free beams in fractional Schrödinger equation[J]. Scientific Reports, 2016, 6(1): 23645.

[18] ZHANG Y, WANG R, ZHONG H, et al. Resonant mode conversions and Rabi

oscillations in a fractional Schrödinger equation[J]. Optics Express, 2017, 25(26): 32401-32410.

[19] HUANG C, DONG L. Beam propagation management in a fractional Schrödinger equation[J]. Scientific Reports, 2017, 7(1): 1-8.

[20] ZHANG L, LI C, ZHONG H, et al. Propagation dynamics of super-Gaussian beams in fractional Schrödinger equation:from linear to nonlinear regimes[J]. Optics express, 2016, 24(13): 14406-14418.

[21] ZANG F, WANG Y, LI L. Dynamics of Gaussian beam modeled by fractional Schrödinger equation with a variable coefficient[J]. Optics Express, 2018, 26(18): 23740-23750.

[22] ZHANG L, ZHANG X, WU H, et al. Anomalous interaction of Airy beams in the fractional nonlinear Schrödinger equation[J]. Optics Express, 2019, 27(20): 27936-27945.

[23] HUANG C, DONG L. Gap solitons in the nonlinear fractional Schrödinger equation with an optical lattice[J]. Optics Letters, 2016, 41(24): 5636-5639.

[24] HUANG C, DENG H, ZHANG W, et al. Fundamental solitons in the nonlinear fractional Schrödinger equation with a-symmetric potential[J]. Europhysics Letters, 2018, 122(2): 24002.

[25] XIAO J, TIAN Z, HUANG C, et al. Surface gap solitons in a nonlinear fractional Schrödinger equation[J]. Optics Express, 2018, 26(3): 2650-2658.

[26] YAO X, LIU X. Off-site and on-site vortex solitons in space-fractional photonic lattices[J]. Optics Letters, 2018, 43(23): 5749-5752.

[27] HUANG C, LI C, DENG H, et al. Gap solitons in fractional dimensions with a quasi-periodic lattice[J]. Annalen der Physik, 2019, 531(9): 1900056.

[28] EISENBERG H, SILBERBERG Y, MORANDOTTI R, et al. Discrete spatial optical solitons in waveguide arrays[J]. Physical Review Letters, 1998, 81(16): 3383.

[29] HUANG C, DONG L. Dissipative surface solitons in a nonlinear fractional Schrödinger equation[J]. Optics Letters, 2019, 44(22): 5438-5441.

[30] HERRMANN R. Fractional calculus: an introduction for physicists[M]. Singapore: World Scientific, 2011.

[31] YANG J. Nonlinear waves in integrable and nonintegrable systems[M]. Philadelphia:SIAM, 2010.

第 7 章
准周期晶格中分数维带隙孤子

7.1 引　言

2000 年，Laskin 提出了分数阶薛定谔方程（FSE）来描述费曼路径积分中的布朗运动轨迹被列维（Lévy）飞行所取代的物理现象[1-3]。与标准薛定谔方程（SE）相比，FSE 的散射项对应于分数阶导数。由于分数阶导数的存在，一些基于分数场论和光动力学的独特性质引起了数学[4,5]和光学[6,7]领域的广泛关注。

在光学领域，Longhi 首次将分数阶薛定谔方程引入光学，并提出了一种基于非球面光学腔体的横向光动力学的光学实现[6]。随后，Zhang 等人研究了 FSE 中一维和二维波包在有或无外部势能条件下的传播动力学[7-9]。此外，还给出了基于单一或双波导结构的 FSE 中一些新颖的传播示例[10,11]。

当非线性引入到分数维度系统中时，光传播的动态行为将受到分数衍射效应、晶格位置和非线性的影响。Zhang 等人研究了 FSE 中超高斯光束的传播动力学，并揭示了通过改变固定输入功率的 Lévy 指数可以调节非线性效应[12]。此外，我们研究了带有光学晶格的非线性 FSE 中光孤子的特性，并发现在聚焦和散焦介质中间，间隙孤子可以稳定存在[13]。从那时起，表面间隙孤子在界面上[14]、PT 对称势能中的基本和双峰孤子[10,11]、周期晶格中的非线性布洛赫波和涡旋孤子[15,16]、均匀介质中的高斯形态解[17]以及带有纵向周期调制的非线性 FSE 中高斯光束的传播特性[18]都得到了研究，揭示了许多有趣的光学性质。

迄今为止，还没有人关注过带有准周期晶格的非线性 FSE 中的间隙孤子。

准周期晶格可以通过两个具有不可共轭周期的晶格的叠加得到[19,20]，在其中研究了许多有趣的特性，包括量子输运、光束的局域特性、光谱和非线性状态。

在该工作中，我们研究了空间分数准周期晶格中间隙孤子的存在性和稳定性。光谱间隙结构的特性取决于子晶格深度和 Lévy 指数。我们寻找了第一至第四个间隙中的非线性孤子解，发现在这些光谱间隙中存在相位同步和相位反向的间隙孤子，并证明相位同步的间隙孤子通常在宽范围的存在域内是稳定的，而稳定的相位反向间隙孤子只能存在于第四个光谱间隙中。此外，我们还对间隙孤子进行了线性稳定性分析和传播模拟。

7.2　理论模型

在自由空间中，一维自散焦非线性分数薛定谔方程（NFSE）的形式可写为

$$i\frac{\partial \psi}{\partial z}=\frac{1}{2}\left(-\frac{\partial^2}{\partial x^2}\right)^{\alpha/2}\psi-V(x)\psi+|\psi|^2\Psi，\tag{7-1}$$

其中，ψ 是光场的包络，z 和 x 分别是纵向和横向坐标；$\partial^2/\partial x^2$ 是横向拉普拉斯算符，α 是列维指数 $(1<\alpha\leqslant 2)$；函数 $V(x)=p_1\cos(\omega_1 x)+p_2\cos(\omega_2 x)$ 描述了准周期晶格调制剖面，其中 $\omega_{1,2}$ 和 $p_{1,2}$ 分别表示子晶格的空间频率和深度。

方程（7-1）的静态非线性解可以采用形式 $\Psi(x,z)=\phi(x)\exp(ibz)$ 来寻找，其中 $\phi(x)$ 和 b 分别是孤子的轮廓和相应的实传播常数。将该表达式代入方程（7-1）中，$\phi(x)$ 满足方程

$$-b\phi=\frac{1}{2}\left(-\frac{\partial^2}{\partial x^2}\right)^{\alpha/2}\phi-V(x)\phi+|\phi|^2\phi。\tag{7-2}$$

非线性静态解由参数 α、p_1、p_2、ω_1、ω_2 以及 b 来确定。在数值计算过程中，为了简化问题，我们固定空间频率 $\omega_1=\sqrt{5}+1$，$\omega_2=2$，然后变化 α、p_1、p_2 以及 b。带隙孤子的能量通常定义为 $U=\int_{-\infty}^{+\infty}\phi^2\mathrm{d}x$。

我们应用微扰特征值分析方法，对带隙孤子的解进行了数值研究稳定解，并通过直接传播模拟验证了该结果。微扰解的形式为 $\Psi(x,z)=[\phi(x)+u(x,z)+iv(x,z)]\exp(ibz)$，其中，$u$ 和 v 是无穷小扰动，其增长率为 $\lambda=\lambda_r+i\lambda_i$ [21]。将这个扰动解代入方程（7-1）并进行线性化处理，可以得到如下特征值问题：

$$\lambda u=+\frac{1}{2}\left(-\frac{\partial^2}{\partial x^2}\right)^{\alpha/2}v+bv-V(x)v+\phi^2 v,\qquad(7\text{-}3)$$

$$\lambda v=-\frac{1}{2}\left(-\frac{\partial^2}{\partial x^2}\right)^{\alpha/2}u-bu+V(x)u-3\phi^2 u.\qquad(7\text{-}4)$$

该线性特征值问题可以通过牛顿共轭梯度法进行数值求解[22]。在分数维中，分数拉普拉斯项 $(-\Delta)^{\alpha/2}\phi$ 可以通过傅里叶变换的形式来进行定义：$\overline{(-\Delta)^{\alpha/2}\phi(k)}=|k|^{\alpha}\widehat{\phi(k)}$ [23]。当特征值 λ 的所有实部均为 0 时，孤子是线性稳定的，反之亦然。

7.3 数值结果与讨论

在寻找带隙孤子之前，研究带隙谱隙结构是非常有益的。与周期性结构中较宽且连续的带隙结构不同，准周期势场的带隙谱结构是分形的[24]。在一维分数阶薛定谔方程中，通过调整子晶格深度 p_2 和列维指数 α 来研究与哈密顿量 $\mathcal{H}_\alpha=-1/2(\partial^2/\partial x^2)^{\alpha/2}+V(x)$ 相关的频谱带隙，如图 7.1 所示。图 7.1（a）显示，对于 $b>-1.2$，在周期晶格中只有一个带隙，而在准周期晶格中，随着参数 p_2 的增加，能够发现 4 个带隙。这个特性为准周期晶格中多类带隙孤子的存在提供了可能性。通过比较图 7.1（a）和图 7.1（b），可以发现子晶格深度 p_1 可以调节带隙的大小，而整个频谱形状保持不变。在固定子晶格深度 p_1 和 p_2 时，列维指数 α 也可以改变系统的谱隙结构，如图 7.1（c）和图 7.1（d）所示。随着 α 的减小，前两个带隙大小保持几乎不变，第三个带隙逐渐减小，第四个带隙最终会消失。另外，随着子晶格调制深度的增加，本征值谱值将被提高。

在本工作中，我们主要考虑两种不同类型的带隙孤子，即同相带隙孤子和异相带隙孤子。它们的主峰值和最近邻峰值之间的关系表现为不同。图 7.2（a）~图 7.2（d）和图 7.4（a）呈现了代表性的孤子剖面。我们可以发现同相带隙孤子的主峰与最近邻峰是同相的，而异相带隙孤子的主峰和最近邻峰是反相的。

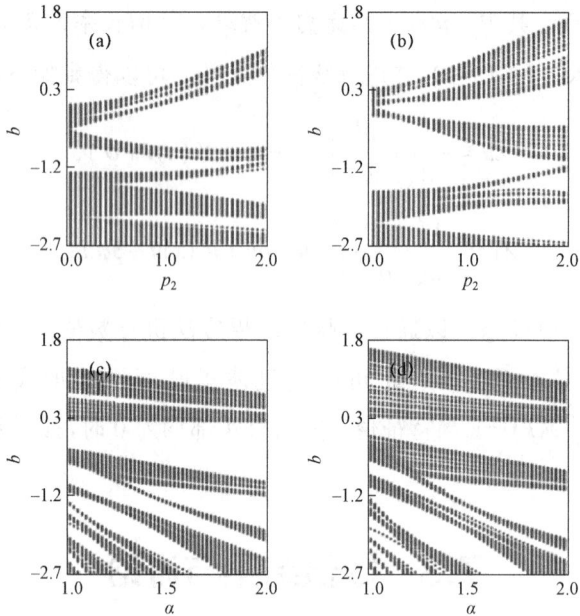

图 7.1　方程（7-1）为线性版本时对应的带隙结构。参数 p_1 在图（a）～图（d）中分别为 0.5、1.5、1.0、1.5。图（a）、图（b）中，$\alpha=1.5$；图（c）、图（d）中，$p_2=1.5$ [25]

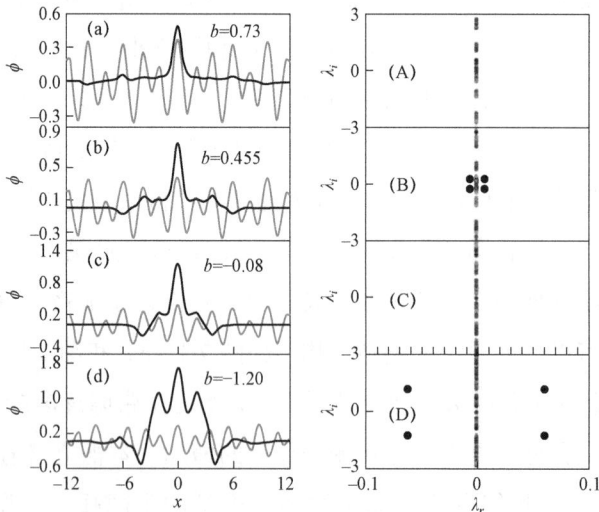

图 7.2　第一至第四带隙［图（a）～图（d）］中局域的同相孤子的剖面（左侧）以及其对应的线性稳定谱分布［右侧图（A）～图（D）］。在右侧图（B）和图（D）中，不稳定的特征值用较大实点表示。其共有物理参数为 $p_1=1.5$，$p_2=1.0$，$\alpha=1.5$ [25]

居于第一至第四带隙结构中同相带隙孤子的存在特性如图7.3所示。与周期晶格中的带隙孤子相比，这类带隙的特性是新颖的。从图7.3（a）～图7.3（d）中，我们可以发现孤子的剖面中心处有两个旁瓣，并且这4个带隙中孤子的旁瓣与主峰之间的间距是不同的。从定性上讲，带隙孤子的旁瓣与主峰的间距随着带隙序号的增加而增加。换句话说，同相带隙孤子的有效宽度随着传播常数 b 的减小而减小。从物理上讲，这与孤子内部峰与峰之间的相互作用有关，有效宽度的减小将导致孤子峰之间的相互作用增强。

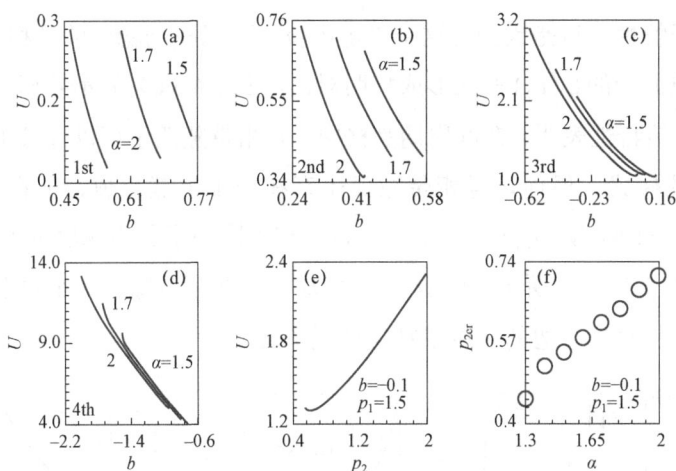

图7.3　图（a）～图（d），前4个带隙中同相带隙孤子的能量 U 与传播常数 b 之间的关系。图（e）显示了能量 U 与子晶格深度 p_2 之间的依赖关系。图（f）为第四个带隙中局域带隙孤子的下截止值 p_{cr} 与列维指数 α 之间的依赖关系。共有参数为 $p_1 = 1.5$［图（a）～图（d）］，$p_2 = 1.0$，$\alpha = 1.5$［图（e）～图（f）］[25]

图7.3进一步揭示了同相带隙孤子的一般特性。在 $p_1 = 1.5$，$p_2 = 1.0$ 的条件下，绘制了3种不同列维指数 α 对应的 $U(b)$ 的依赖关系，如图7.3（a）～图7.3（d）所示。我们可以发现，$U(b)$ 曲线在临界值 b_c 处（靠近带隙边缘）单调递减，对应于同相孤子的阈值功率 U_{th}。当 $U < U_{th}$ 时，将无法找到孤子解。此外，该类孤子的功率水平随着带隙的降序或传播常数的减小而降低。对于固定的常数 $b = -0.1$ 和 $p_1 = 1.5$，如果 $p_2 < 0.55$，则无法找到同相带隙孤子［图7.3（e）］。也就是说，存在一个更大的带隙尺度和一个较低的截止值 p_2。这一特征表明，在周期晶格中不存在这类孤子解（即 $p_2 = 0$）。因此，这一特

性为准周期晶格中存在一类新的带隙解提供了有力证据。此外，在图 7.3（f）中，我们发现随着参数 α 的增长，较低的截止值也在增加，这一特性与带隙谱的大小变化是一致的。

类似于同相带隙孤子性质的讨论，我们在图 7.4 中探讨了异相带隙孤子的特性。随着带隙序号的增加，异相带隙孤子的极大值显著增高，而旁瓣的振幅逐渐减小，并且对应的非线性模式变得更加局域。这些内在的变化特性可能会影响它们的稳定性。在图 7.4（a）和 7.4（c）中，我们得到了能量 U 与传播常数 b 和子晶格 p_2 的依赖关系。这里值得提及的是，我们重点讨论了第四个带隙中的孤子特性，这是因为在这个带隙中我们可以找到稳定的异相带隙孤子。与同相带隙孤子的 $U(p_2)$ 曲线形成鲜明对比，图 7.4（c）显示异相孤子的没有下截止值。该特性表明，在准周期晶格中，异相带隙孤子可以分歧于周期晶格中的非线性模式。然而，异相带隙孤子存在一个上截止值，如在 $b=-1.1$，$p_1=1.5$，$\alpha=1.5$ 时，$p_{2cr}=1.39$。这一特性与不同的子晶格深度 p_2 的带隙窗口有关。如图 7.1（b）所示，随着 p_2 的增加，第四个带隙的大小收缩，这将使传播常数非常靠近带边的区域很难找到孤子解。

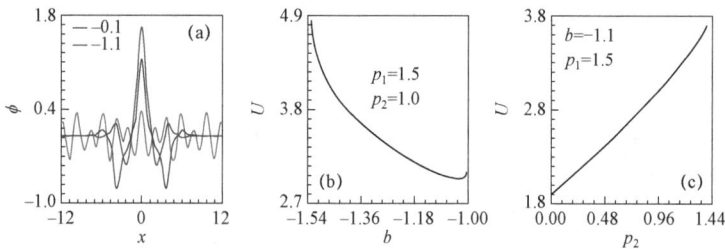

图 7.4 （a）居于第三带隙和第四带隙中的异相孤子的剖面。最浅的灰线表示准周期晶格的分布，其振幅为自身振幅的 0.15 倍。（b）参数为 $p_1=1.5$，$p_2=1.0$ 时，带隙孤子的能量与传播常数间的依赖关系。（c）参数为 $p_1=1.5$，$b=-1.1$ 时，带隙孤子的能量 U 与子晶格深度 p_2 间的变化关系。共有参数：图（a）～图（c）中，$\alpha=1.5$[25]

研究同相和异相带隙孤子的稳定性是非常重要的。如图 7.3（a）和图 7.3（b）所示，当列维指数 $\alpha=1.5$ 时，第一个带隙中的同相带隙孤子在整个存在区域内是完全稳定的，而在第二个带隙中，带隙孤子则存在一个相对狭窄的弱不稳定区域 $b\in[0.446,0.464]$。在图 7.3（c）和图 7.5（a）中，第三个带隙的同相孤子的稳定性可以通过 $U(b)$ 曲线的斜率来确定，即 $dU/db<0$ 时，带隙孤子是稳定

的 (−0.317＜b≤0.130)，当 dU/db＞0 时，带隙孤子不稳定 (0.130＜b＜0.142)。在第四个带隙中，同相带隙孤子的稳定性是复杂的，如图 7.3（d）所示。具体来说，在存在区域的左侧存在一个较大的不稳定区域 (b＜−1.094)，在存在区域的右侧，有几个不稳定的片段区域，分别是 [−0.827,−0.806] 和 [−0.732,−0.721]。同相孤子的典型特征谱如图 7.2（A）～图 7.2（D）所示。从物理上讲，大多数不稳定的同相孤子的可以这里理解：随着带隙序号的增加或传播常数的减小，带隙孤子旁瓣与主峰之间的距离减小，同相带隙孤子波峰之间的内部相互作用力增加，导致内在的固有力不能被分数衍射效应及非线性效应所补偿。因此，同相带隙孤子的宽度越窄，不稳定的带隙孤子越容易出现。此外，图 7.3（e）显示了同相带隙孤子在固定传播常数时对应的稳定性，其不稳定增长率在图 7.5（b）中显示。同时，我们还发现，在列维指数 α = 2.0 时，第四带隙中带隙孤子的稳定区域要比列维指数 α = 1.7 和 α = 1.5 时的区域窄。这是因为较小的列维指数 α 导致更强的非局域性[26]。因此，主峰和旁瓣之间的强烈相互作用可能与系统强烈非局域效应相抵消，从而产生稳定的带隙孤子。

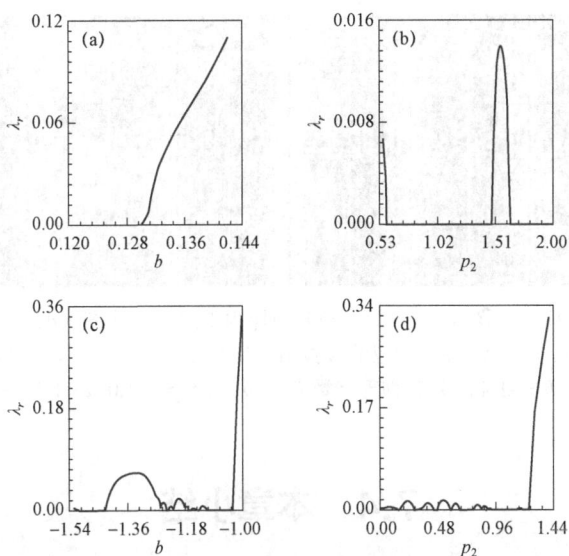

图 7.5　在固定参数 α = 1.5 时，同相 [图（a）] 和异相 [图（b）] 带隙孤子的扰动增长率的实部 λ_r 与传播常数 b 之间的关系，其与图 7.3（c）和图 7.4（b）中的 (U,b) 曲线对应。扰动增长率的实部 λ_r 同格子深度 p_2 之间的关系，图（b）和图（d）分别对应同相带隙孤子和异相带隙孤子，其与图 7.3（e）和图 7.4（c）中的 (U,p_2) 面板相对应[25]

第四带隙中的异相带隙孤子的稳定性是多节点和复杂的。具有代表性的 (λ_r, b) 和 (λ_r, p_2) 的依赖关系如图 7.5（c）和图 7.5（d）所示。值得注意的是，这里没有显示第一、第二、第三带隙中的异相带隙孤子的稳定性，因为它们是完全不稳定的。在散焦非线性情况下，第一带隙至第三带隙中的异相带隙孤子更容易扩散，这是由于其弱的固有作用力的原因。

为了进一步确认线性稳定分析的结果，我们对方程（7-1）进行了数值传输模拟，输入条件为 $\Psi(x, z=0)=\phi(x)[1+\rho(x)]$，其中 $\rho(x)$ 是一个随机噪声。图 7.6 显示了几个典型的稳定和不稳定的传输例子。其中，图 7.6（a）和图 7.6（d）分别显示了稳定的同相和异相孤子的动力学特性。它们在很长的传输距离内保持形状不变。在第二带隙的左侧，同相带隙孤子是弱不稳定的 [图 7.6（b）]。类似的动态演化图案也存在于图 7.3（d）中 (U, b) 曲线右侧的不稳定区域。图 7.6（c）和图 7.6（e）展示了两个不稳定的带隙孤子的传播例子。我们可以看到：对于同相带隙孤子，在传播过程中，小的旁瓣功率会震荡并向两侧辐射；对于异相孤子，其形状会迅速坍塌且功率会辐射掉。

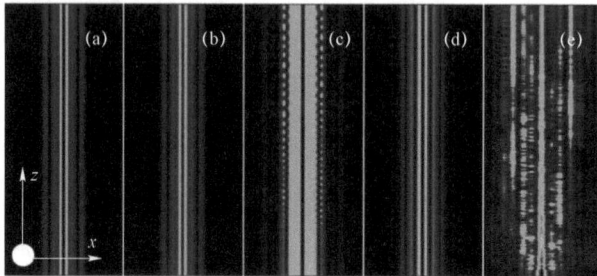

图 7.6 同相带隙孤子 [图（a）～图（c）] 和异相带隙孤子 [图（d）～图（e）] 的传播动力学行为。图（a）～图（e）对应的参数值分别为 $b=-0.08$，$b=-0.14$，$b=-0.815$，$b=-1.1$，$b=-1.4$。共有物理参数有：$p_1=1.5, p_2=1.0, \alpha=1.5, z=3\,000$ [25]

7.4 本章小结

该工作旨在将一维准周期晶格引入到空间分数阶薛定谔方程中研究非线性光波的动力学特性。特别地，谱隙大小可以通过子晶格深度和列维指数来进行调节。在散焦非线性情况下，我们发现两类谱隙非线性解，包括同相和异相带隙孤子解。对于同相带隙孤子族，带隙孤子在第一个带隙中是完全稳定的，在第二个带隙中则是在一个较大区域内是稳定的。在第三个带隙中，带隙孤子在它们的整个存在区域内几乎是稳定的，除了靠近上带边缘的窄区域。在第四个带隙中，带隙孤子的稳定区域是多片段的。对于异相孤子族，稳定的带隙孤子只能存在于第四个带隙中。此外，通过对模型方程（7-1）进行直接的数值模拟验证了稳定性分析的结果。

最后，我们给出一些与该项工作相关的可能拓展方向，如在具有分数维的准周期晶格中研究模式的局域-非局域转换，以及在具有分数阶衍射效应的二阶光学介质中研究空间光孤子特性。将这些考虑扩展到更高维度也将是非常有趣的。

7.5　本章参考文献

[1] LASKIN N. Fractional quantum mechanics and Lévy path integrals[J]. Physics Letters A, 2000, 268(4-6): 298-305.

[2] LASKIN N. Fractional quantum mechanics[J]. Physical Review E, 2000, 62(3): 3135.

[3] LASKIN N. Fractional schrödinger equation[J]. Physical Review E, 2002, 66(5): 056108.

[4] GUO B, HUANG D. Existence and stability of standing waves for nonlinear fractional Schrödinger equations[J]. Journal of Mathematical Physics, 2012, 53(8).

[5] DONG J, XU M. Some solutions to the space fractional Schrödinger equation using momentum representation method[J]. Journal of mathematical physics, 2007, 48(7).

[6] LONGHI S. Fractional Schrödinger equation in optics[J]. Optics letters, 2015, 40(6): 1117-1120.

[7] ZHANG Y, LIU X, BELIĆ M R, et al. Propagation dynamics of a light beam in a fractional Schrödinger equation[J]. Physical review letters, 2015, 115(18):

180403.

[8] ZHANG Y, ZHONG H, BELIĆ M R, et al. Diffraction-free beams in fractional Schrödinger equation[J]. Scientific Reports, 2016, 6(1): 23645.

[9] ZHANG Y, ZHONG H, BELIĆ M R, et al. PT symmetry in a fractional Schrödinger equation[J]. Laser & Photonics Reviews, 2016, 10(3): 526-531.

[10] DONG L, HUANG C. Double-hump solitons in fractional dimensions with a PT-symmetric potential[J]. Optics Express, 2018, 26(8): 10509-10518.

[11] HUANG C, DENG H, ZHANG W, et al. Fundamental solitons in the nonlinear fractional Schrödinger equation with a-symmetric potential[J]. Europhysics Letters, 2018, 122(2): 24002.

[12] ZHANG L, LI C, ZHONG H, et al. Propagation dynamics of super-Gaussian beams in fractional Schrödinger equation:from linear to nonlinear regimes[J]. Optics express, 2016, 24(13): 14406-14418.

[13] HUANG C, DONG L. Gap solitons in the nonlinear fractional Schrödinger equation with an optical lattice[J]. Optics Letters, 2016, 41(24): 5636-5639.

[14] XIAO J, TIAN Z, HUANG C, et al. Surface gap solitons in a nonlinear fractional Schrödinger equation[J]. Optics Express, 2018, 26(3): 2650-2658.

[15] DONG L, HUANG C. Composition relation between nonlinear Bloch waves and gap solitons in periodic fractional systems[J]. Materials, 2018, 11(7): 1134.

[16] YAO X, LIU X. Off-site and on-site vortex solitons in space-fractional photonic lattices[J]. Optics Letters, 2018, 43(23): 5749-5752.

[17] CHEN M, ZENG S, LU D, et al. Optical solitons, self-focusing, and wave collapse in a space-fractional Schrödinger equation with a Kerr-type nonlinearity[J]. Physical Review E, 2018, 98(2): 022211.

[18] ZANG F, WANG Y, LI L. Dynamics of Gaussian beam modeled by fractional Schrödinger equation with a variable coefficient[J]. Optics Express, 2018, 26(18): 23740-23750.

[19] COHEN J, DUBETSKY B, BERMAN P. Quasiperiodic Fresnel atom optics,

focusing, and the quasi-Talbot effect[J]. Physical Review A, 1999, 60(5): 3982.

[20] ROATI G, D'ERRICO C, FALLANI L, et al. Anderson localization of a non-interacting Bose-Einstein condensate[J]. Nature, 2008, 453(7197): 895-898.

[21] KARTASHOV Y V, VYSLOUKH V A, TORNER L. Surface lattice kink solitons[J]. Optics express, 2006, 14(25): 12365-12372.

[22] YANG J. Nonlinear waves in integrable and nonintegrable systems[M]. Philadelphia: SIAM, 2010.

[23] GUO B, PU X, Huang F. Fractional partial differential equations and their numerical solutions[M]. Singapore:World Scientific, 2015.

[24] SAKAGUCHI H, MALOMED B A. Gap solitons in quasiperiodic optical lattices[J]. Physical Review E, 2006, 74(2): 026601.

[25] HUANG C, LI C, DENG H, et al. Gap solitons in fractional dimensions with a quasi-periodic lattice[J]. Annalen der Physik, 2019, 531(9): 1900056.

[26] HERRMANN R. Fractional calculus:an introduction for physicists[M]. Singapore: World Scientific, 2011.

第8章
分数维系统中部分 PT 对称角向势支持的涡流孤子

8.1 引 言

涡流在物理许多领域中都是非常重要的研究对象[1]，包括光学、物质波、流体力学、腔体和电子束等。光学涡旋是携带非零角动量且有非凡相位分布的光束[2]，在许多领域中有着相应的应用，如光学捕获、显微镜和量子信息等[3]。耗散介质材料[4]可以支持稳定的涡旋孤子，在激光放大器[5]、Ginzburg-Landau 系统[6]和玻色-爱因斯坦凝聚体[7]中均有报道。在具有竞争非线性性质的材料[8]、非局部材料[9]或光晶格[10]下，涡旋孤子在横向折射率调制中的不稳定性可能会被消除，因为它能各种形式调制涡流孤子并抑制角向调制不稳定性[11]。与均匀介质不同，涡流孤子呈现简单的环形形状，涡流孤子在周期系统中强烈调制，并反映了底层势阱的对称性，如方形[12]、六边形[13]和蜂窝[14]光学晶格以及光子晶体。

最近，特别关注两个有前途的标准量子力学的拓展。其中一个是宇称时间对称（PT 对称，非厄米）扩展[15-17]，另一个是空间分数阶扩展[18-20]。光学为实现和实验验证 PT 对称[21,22]和空间分数阶[23-25]相关概念提供了良好的平台。虽然光束在 PT 对称系统中的演化已经得到了广泛的研究[26]，但光束在非线性分数阶薛定谔方程（NFSE）中的传播动力学仍处于初步阶段[27-30]。

PT 对称性的重要性在于，如果复势满足 $V(r) = V^*(-r)$ 并且增益/损耗分量的振幅低于临界破对称点，那么线性系统本征值谱将完全是实数[15-17]。除了 PT 对称势阱，最近的研究表明一些非厄米系统也具有完全实数本征值谱[31,32]。特别地，在一些非线性系统中出现了 pPT 势阱，满足关系 $V(x,y) = V^*(-x,y) = V^*(x,-y) = V(-x,-y)$ [33-35]。Kartashov 等人预测，由于 pPT 类似于棘轮的结构中方位方向的非等价性，涡旋孤子的演化取决于其拓扑指数的符号[36]。在环形的 pPT 结构中，具有不同拓扑指数的涡旋孤子可以稳定传播，尽管系统总是超出了对称破缺点[35]。

近年来，分数阶薛定谔方程（FSE）中的光束传播特性引起了越来越多的关注。当费曼路径积分中的布朗运动轨迹被列维飞行取代时，分数场和分数自旋粒子的行为可以由分数阶薛定谔方程描述[18-20]。在 2015 年，Longhi[23]首次将分数阶薛定谔方程引入到光学中，并提出了一个光学方案来模拟分数量子谐振子。随后，在分数阶薛定谔方程中研究了无衍射光束的传播[25]、啁啾高斯光束[24]和 PT 对称性[37]。抛物线势[38,39]中的线性模式以及在双势垒势[40]中的传播管理也在被研究。在非线性区域，非线性分数阶薛定谔方程中的超高斯光束[27]、带隙孤子[28]、保守势阱中的表面间隙孤子[41]，以及非保守 PT 势支持的一维双峰孤子[29]、一维和二维基本孤子[30]，相继被报道。

8.2　理论模型

二维非线性分数阶系统中的非线性光波的演化可由无量纲的非线性分数阶薛定谔方程来描述[28,42]，即

$$i\frac{\partial A}{\partial \xi} = \frac{1}{2}\left(-\frac{\partial^2}{\partial x^2}-\frac{\partial^2}{\partial y^2}\right)^{\alpha/2} A - V(x)A - |A|^2 A，\tag{8-1}$$

其中，$V(x,y)$ 是一个外势，$\left(-\dfrac{\partial^2}{\partial x^2}-\dfrac{\partial^2}{\partial y^2}\right)^{\alpha/2}$ 为横向拉普拉斯算符，α 是列维指数（$1<\alpha\leq 2$）。方程（8-1）可以由分数 Maxwell 方程[43,44]推导出来。如果 ξ 是 z，方程（8-1）描述了光束在分数阶衍射效应下沿着 z 方向的传播[28,42]。当参数 $\alpha=2$ 时，方程（8-1）退化为常规的非线性薛定谔方程，这时，光束经历正常的衍射。当 ξ 是 t 时，该方程描述了在吸引性粒子间相互作用下装载到光学

势中的由分数自旋粒子组成的凝聚体的演化[45]。

简单起见，且不失一般性，我们设 $\xi = z$，考虑光束在分数阶效应下的传播特性。$A = (2\pi L_{\text{diff}} n_2 / \lambda)^{1/2} E$ 是无量纲场幅度，其中 n_2 是非线性系数，是衍射长度（n 是线性折射率）。$(x, y) = (Xr_0^{-\alpha/2}, Yr_0^{-\alpha/2})$，$z = Z / L_{\text{diff}}$ 分别是横向和纵向坐标，它们相对于光束宽度 r_0 和衍射长度 L_{diff} 进行了标度。对于波长 $\lambda = 1\,550$ nm，在熔融二氧化硅中传播的宽度为 8 μm 的输入光束，折射率 $n = 1.5, r_0 = 1$，在横向方向上，$\alpha = 2$ 时为 8 μm，$\alpha = 1.6$ 时为 ～83 μm。在标准非线性薛定谔方程中，$z = 1$ 对应纵向方向上为 ～0.39 mm，然而，对于 $\alpha = 1.6$，$z = 1$ 相应的传播距离对应为 ～42 mm，该值大约是标准非线性薛定谔方程中值的 107 倍。

复势阱可以表示为 $V(x, y) = p_{\text{re}} V_{\text{re}}(x, y) - i p_{\text{im}} V_{\text{im}}(x, y)$，这里实部和虚部分别对应调制折射率和增益损耗剖面，p_{re} 为调制折射率的调制深度，p_{im} 为增益损耗的强度。当 $p_{\text{re}} = 1$ 时对应的真实折射率调制深度为 $\delta n \sim 6 \times 10^{-4}$。为了研究 pPT 对称势阱中的涡流孤子，我们猜测 V_{re} 和 V_{im} 的形式分别为

$$V_{\text{re}} = \sum_{k=1}^{N} \exp[-(x - x_k)^2 / d^2 - (y - y_k)^2 / d^2], \tag{8-2}$$

$$V_{\text{im}} = \sum_{k=1}^{N} \exp[-(x - x_k)^2 / d^2 - (y - y_k)^2 / d^2] \times \sigma^{k-1}[y\cos(\phi_k) - x\sin(\phi_k)]. \tag{8-3}$$

这里，$\sigma = \pm 1$，且 $\phi_k = 2\pi(k-1)/N$。方程（8-2）构建了一个势阱，包括 N 个波导排成一个环。该结构能够支持不同拓扑指数 $0 < m < N/2$ 的涡流孤子。为了找到高拓扑指数的涡流孤子，我们设定波导数 $N = 8$。具体来讲，N 个高斯波导的宽度 $d = 0.5$，其中心分别为 (x_k, y_k)，放置在半径为 $Nr_0 / 2$ 的环上。为了确保波导之间不重叠，且居于在近邻波导上的分量能相互作用，我们设置 $r_0 = 0.6$。相邻波导之间的弧长对于任何 N 值都保持不变，因为阵列的半径随着 N 的增加而线性增加。

8.3 数值结果与讨论

方程（8-2）对应势阱中的实部是镜像对称的，即 $V_{\text{re}}(x, y) = V_{\text{re}}(-x, -y)$，如

图 8.1（a）所示。当 $\sigma=1$ 时，$V_{im}(x,y)=V_{im}(-x,-y)=-V_{im}(-x,y)=-V_{im}(x,-y)$。这意味着增益损耗在水平和垂直方向为反对称分布关于势阱中心则为镜像对称分布。[见图 8.1（b）]。按照文献[33,35,36]，这样的势阱为 pPT 对称分布。当 $\sigma=-1$ 时，$V_{im}(x,y)=V_{im}(-x,-y)=-V_{im}(-x,y)=-V_{im}(x,-y)$ 仍然保持 [见图 8.1（c）]。然而，正如我们后面所显示，这种势阱的谱在 $p_{im}>p_{im}^{cr}$ 时发生对称破缺 [见图 8.2（c）、图 8.2（d）]，这正是 PT 对称系统的特征[15-17]。因此，我们仍然将其称为 PT 对称势阱。值得注意的是，每个波导在全局的 PT 对称或 pPT 对称势阱下都是 PT 对称的。

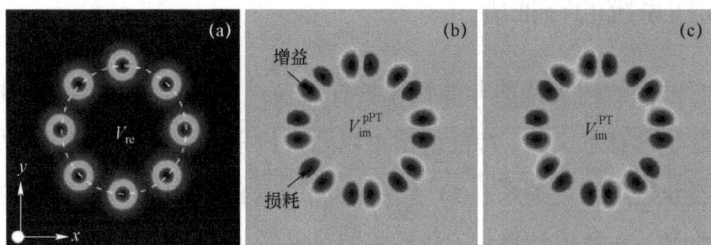

图 8.1　复势的剖面分布[46]。图（a）为 pPT 对称势和 PT 对称势的调制折射率分布。图（b）、图（c）分别为 pPT 和 PT 对称势中的增益和损耗分布

环形势阱表现出不同阶数的离散旋转对称性，这对从线性特征模态和从它们分歧出的非线性涡旋态产生了深远影响。当我们选取的 N 值为偶数时，如果将势阱按照角度 $\phi_{\sigma=1}=2\pi/N$ （对于 pPT 对称势阱）和角度 $\phi_{\sigma=-1}=4\pi/N$ （对于 PT 对称势阱）旋转，势阱将重新回到自身。

在 pPT 对称势阱中，从增益区到损耗区的局部电流始终是顺时针的 [见图 8.1（b）]，这与 PT 对称势阱中的情况不同，在 PT 对称势阱中，相邻波导之间交替的局部电流相互抵消 [见图 8.1（c）]。pPT 对称势阱中增益/损耗的排列导致了顺时针和逆时针方向的非等价性。相比之下，在 PT 对称势阱中两个方位方向是等价的。在接下来的讨论中，我们将重点关注 pPT 对称势阱的非线性分数阶薛定谔方程中的非线性态。我们使用传播常数 b、列维指数 α，以及增益/损耗强度 p_{im} 作为主要的控制参数，并固定折射率调制的深度为 $p_{re}=5$。

方程（8-1）的静态解形式猜测为 $A(x,y,z)=w(x,y)\exp(ibz)=[w_r(x,y)+iw_i(x,y)]\exp(ibz)$，其中，$w_r(x,y)$ 和 $w_i(x,y)$ 分别为解的实部和虚部，参数 b 为非线性传播常数。涡流孤子的拓扑指数定义为 $m=\int_{-\infty}^{\infty}\int_{-\infty}^{\infty}\arctan(w_i/w_r)\,\mathrm{d}x\mathrm{d}y/2\pi$。

代入解的表达式到方程（8-1）中，可以得到一个分数阶微分方程：

$$-\frac{1}{2}\left(-\frac{\partial^2}{\partial x^2}-\frac{\partial^2}{\partial y^2}\right)^{\alpha/2}w-bw+Vw+|w|^2w=0 。 \tag{8-4}$$

通过数值求解方程（8-4），可以获得涡流孤子的剖面和相位分布。

8.3.1 线性系统的特征谱

在我们讨论结构支持的非线性模特性之前，探究方程（8-4）线性版本的特征值谱是非常有意义的。特征值谱可以通过傅里叶谱收集方法求解[47]。傅里叶空间中的分数项满足关系 $\overline{(-\Delta)^{\alpha/2}f(k)}=|k|^\alpha\widehat{f(k)}$，其中，$\Delta$ 是拉普拉斯算子，是列维指数[48]。在数值计算中，我们将特征函数展开为傅里叶级数，并将线性系统转化为特征函数的傅里叶系数的矩阵特征值问题。在计算中，我们将横向窗口设置得足够大，并应用了狄利克雷边界条件。我们将特征值谱标记为上标 $m\in\mathbb{Z}$，代表特征模态的阶数。虽然对应于实特征值 b^0 的基态是非简并的，但是简并的高阶特征模态可以表示为具有不同指数 m 的角布洛赫波。简并特征模的线性组合会产生可能的线性涡旋态，从中非线性涡旋态可以分歧出来[35]。

线性模对应的特征值谱如图 8.2 所示。在 pPT 对称势中，非简并（$m=0$）和兼并（$|m|\geq1$）的特征值是参数 p_{im} 的单调递减函数。完全实的特征值表明不同阶数的线性模是对称的。随着增益/损耗强度的增加，没有出现对称破缺点［见图 8.2（a）、图 8.2（b）］。这与 PT 对称系统中的谱形成了鲜明对比[26]。这种物理现象归因于增益/损耗分量特殊的几何排列。将图 8.2（a）和图 8.2（b）进行比较，可以发现列维指数 α 的变化，产生了两个结果：① 谱曲线随着列维指数 α 的减小而向上移动；② 随着参数 p_{im} 的增加，列维指数 $\alpha=1.2$ 比 $\alpha=2.0$ 时特征值下降得更快，该现象对于较大的 m 时更为明显。

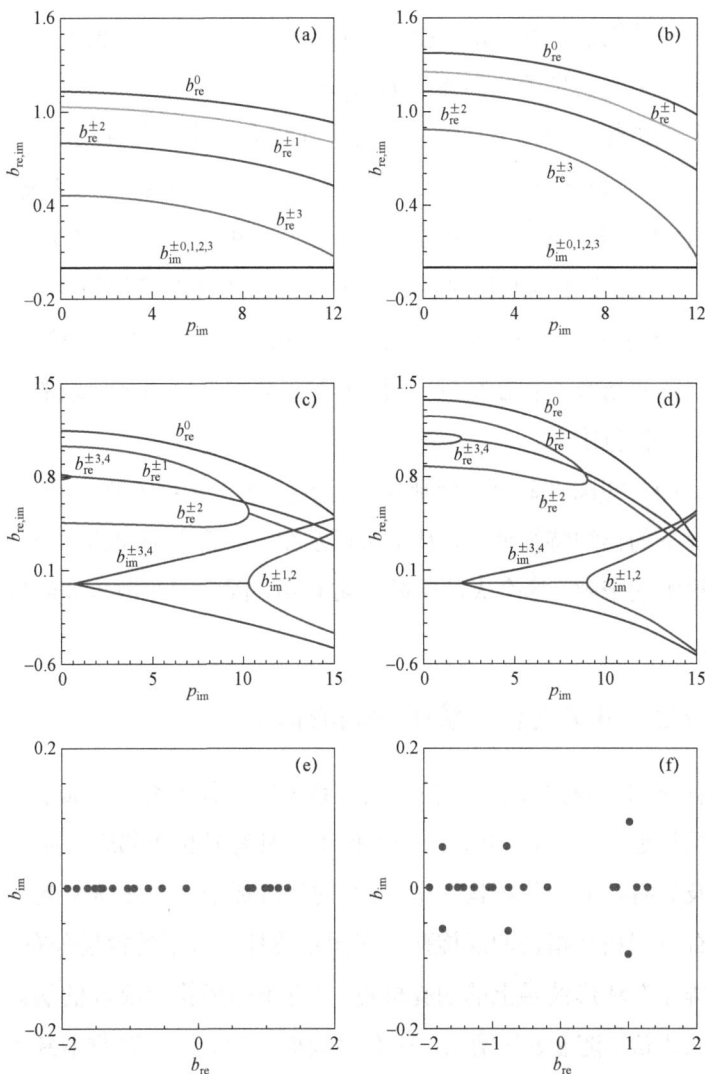

图 8.2　pPT 对称系统［图（a）、图（b）］和 PT 对称系统［图（c）、图（d）］中特征值谱的实部和虚部对参数 p_{im} 的依赖关系。图（e）和图（f）分别为 $p_{im}=5$ 时，pPT 和 PT 对称势的详细特征值谱。图（a）、图（c）中，$\alpha=2$；图（b）、图（d）、图（f）中，$\alpha=1.6$。上标 $\pm m$ 表示由相应特征模态线性组合构建的涡流光束的拓扑指数。

图（a）～图（f）中，$p_{re}=5$ [46]

我们也比较了图 8.2（c）和图 8.2（d）对应的 PT 对称势中的谱。对于 $\alpha=2$，随着 p_{im} 的增加，两个兼并态的分支（$m=\pm1, 2$）在临界值 $p_{im}^{cr}=10.32$ 处合并，此后特征值变为复数［见图 8.2（c）］。在对称破缺点之后，$m=\pm1$ 和 $m=\pm2$ 的特征值总是复共轭的。对于拓扑指数为 $m = \pm 3, 4$ 的特征谱，也表现为类似的情况。唯一的区别是它们的临界点值为 $p_{im}^{cr} = 0.67$。

随着列维指数 α 的减小，特征谱的实部将会上移，并且随着参数 p_{im} 的增加，它们之间的差异将会变大[见图 8.2(d)]。类似于 pPT 势中的情况。当 $\alpha = 1.6$ 时，$m = \pm(1, 2)$ 的特征值的对称破缺点为 $p_{im}^{cr} = 8.96$，比 $\alpha = 2$ 对应的系统中临界值 $p_{im}^{cr} = 10.32$ 要小。相反，对于 $\alpha = 1.6$，$m = \pm(3, 4)$ 对应的临界值 $p_{im}^{cr} = 2.05$，比 $\alpha = 2$ 的系统中相应的 $p_{im}^{cr}(0.67)$ 要大。这意味着减小的列维指数扩大了可能存在的更高拓扑指数的存在范围。对 PT 对称势中特征模式分歧的涡流孤子的讨论个在本工作范围内。

图 8.2（e）和图 8.2（f）分别显示了 $p_{im} = 5$ 和 $\alpha = 1.6$ 时，pPT 对称和 PT 对称阱情况下的详细特征值谱。从中可以观察到，第六个和第七个特征值之间存在一个很大的带隙。这个大的带隙非常有用，因为它在散焦非线性时允许孤子的存在。

8.3.2　分数维 pPT 对称系统中的涡流孤子

在具有 pPT 对称性的非线性分数阶系统中，各种类型的孤子族被发现，包括具有同相近邻斑（$m = 0$）的基本孤子、具有异相相邻斑（$m = 0$）的多极孤子，以及具有扭曲相位结构（$m \neq 0$）的涡旋孤子。在图 8.3 的左列，我们展示了具有不同拓扑指数的涡旋孤子在固定传播常数下的模场分布。非线性模场呈现为排布在环形波导上的明亮斑点。具有不同拓扑指数 m 的涡旋孤子的轮廓几乎无法辨认。随着 b 的增长，所有涡旋孤子的斑点同时收缩到各自的波导中心周围。伴随这个过程，每个亮点的峰值增加。这与在具有混合线性-非线性圆形阵列的保守系统中的涡旋不同，在这个系统中，涡旋解可能在径向上膨胀或收缩[49]。

涡旋孤子的基本特性通过它们的相位结构表现出来。对于拓扑指数为 m 的涡旋孤子，存在一个相位奇点，围绕这个点相位变化为 $2|m|\pi$（参见图 8.3 的中列）。$m > 0$ 的涡流孤子的旋转方向与 $m < 0$ 的涡流孤子的旋转方向相反。具体而言，具有正 m 的涡旋逆时针旋转，反之亦然。由于存在势阱虚部的存在，光束会在增益（吸收）区域中被放大（吸收）。涡旋孤子的横向能流密度

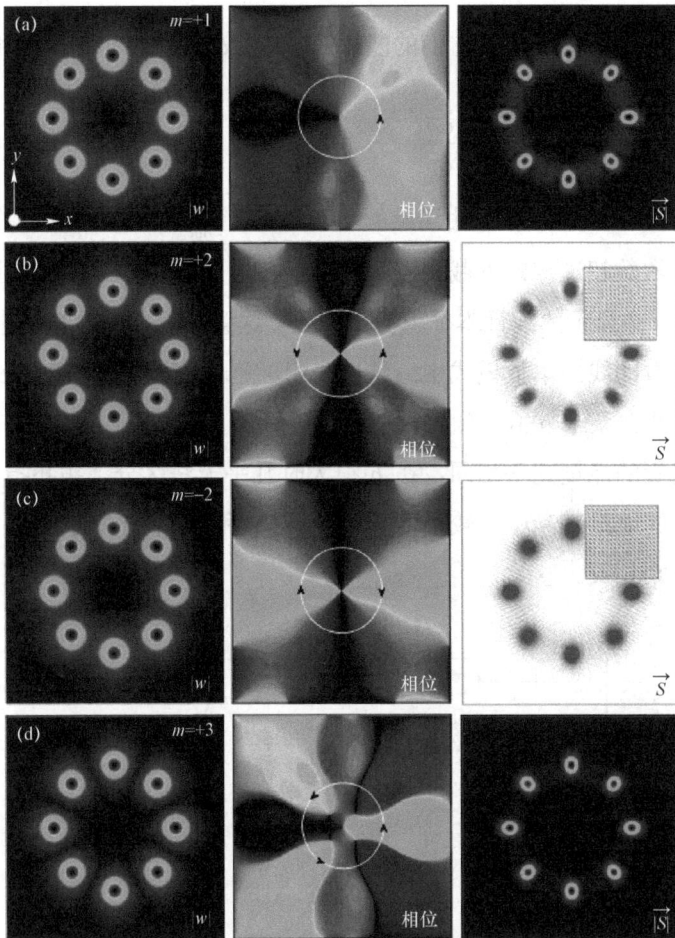

图 8.3 在 $p_{\mathrm{re,im}}=5$ 的 pPT 对称系统中，$m=1$［图（a）］，$m=2$［图（b）］，$m=-2$［图（c）］，以及 $m=3$ 时的涡流孤子场模分布（$|w|$，左侧）、相位 φ（中列），以及横向能流密度（右侧）。对应的插图为单个波导内放大的能流密度分布。图（a）～图（d）中，$\alpha=1.6, b=2.20$[46]

（坡印廷矢量）定义为 $\vec{S}=(i/2)(W\nabla W^* - W^*\nabla W)$，其中 $W=w\exp(im\phi)$，在图 8.3 的右列进行了显示。它描述了从增益到损耗区域的局部电流。正如上文提到的，对于 pPT 对称势阱，所有局部电流都是相同的方向，即顺时针。涡流孤子的全局电流方向由 m 的符号确定，可以发现对于具有正 m 的涡旋，全局电流（中列）和局部电流（右列）的方向是相反的，而对于具有负 m 的涡旋，它们的方向是相同的。这是解释具有相反电荷的涡旋孤子不同特性的物理原因。

涡旋孤子的特征还包括它们的能流（定义为 $U = \int_{-\infty}^{+\infty}\int_{-\infty}^{+\infty}|A|^2\,\mathrm{d}x\mathrm{d}y$）和哈密顿量

（定义为 $H = \int_{-\infty}^{+\infty}\int_{-\infty}^{+\infty}\left[\dfrac{1}{2}\left|\dfrac{\partial A}{\partial x}\right|^{\alpha/2} + \dfrac{1}{2}\left|\dfrac{\partial A}{\partial y}\right|^{\alpha/2} - V|A|^2 - \dfrac{1}{2}|A|^4\right]\mathrm{d}x\mathrm{d}y$）。我们在图 8.4 中展示

了具有不同拓扑指数的非线性涡旋的功率在 b、p_{im} 和 α 上的依赖关系。涡流孤子在传播常数超过一定下截止值时才会存在 [见图 8.4（a）]。这些下截止值与图 8.2（b）中显示的线性本征值完全一致。这意味着非线性拓扑态确实是从非零拓扑指数的线性本征模式中分歧出来的。随着传播常数 b 的增长，能量 U 逐渐增加，并在某个 b 值达到最大值，之后缓慢下降 [见图 8.4（a）]。不同拓扑指数的涡旋的能量几乎相同，在 b 很大时几乎无法区分。拓扑指数为 $m=3$ 的涡流孤子的能量略高于 b 较小情况下的 $m=2$ 和 $m=1$ 的涡旋孤子，而在 b 适中的情况下则相反。

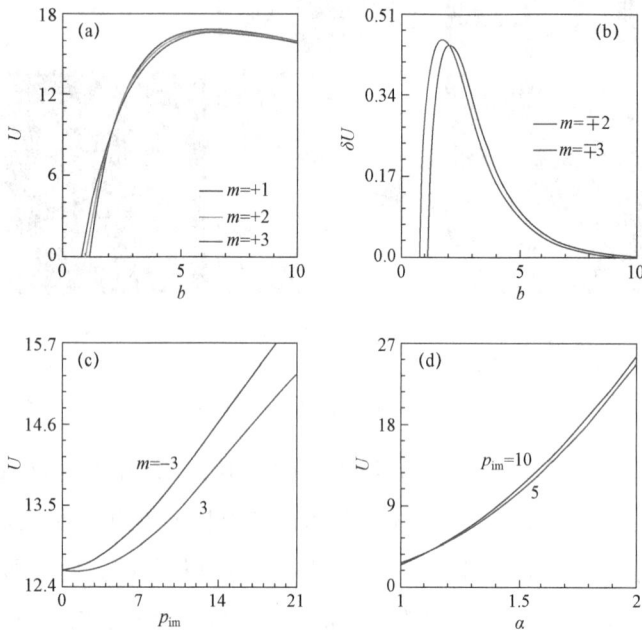

图 8.4 （a）不同拓扑指数涡流孤子的能量 U 与传播常数 b 之间的依赖关系。（b）$m=\mp2, m=\mp3$ 时涡流孤子的能量差曲线。（c）$b=2.2$ 时，相反拓扑指数的涡流孤子的能量 U 随参数 p_{im} 的变化曲线。（d）$b=2.2, m=3$ 时涡流孤子的能量 U 随列维指数 α 的变化曲线。图（a）～图（d）中 $p_{\mathrm{re}}=5$ [46]

涡流孤子的能量差异反映了 pPT 势的方位方向的不等效性［图 8.4（b）］。具有相反拓扑指数的涡流孤子有着相同的下截止值传播常数。功率差在接近 b_{cutoff} 附近的 b 值达到最大值。随着传播常数 b 的增加，涡流孤子的亮斑收缩，相邻的峰之间距离变大。这明显削弱了相邻亮点之间的全局连接。在较大的 b 值时，涡流孤子中的各个亮点不相互作用，可以看作是单一的非线性态。因此，顺时针的增益/损耗电流对于逆时针的全局电流（$m>0$）和顺时针的全局电流（$m<0$）的影响可以忽略不计。

在 $p_{im}=0$ 时，拓扑指数 $m=\pm3$ 的涡流孤子在固定 b 值下的功率差为 0［见图 8.4（c）］。随着增益/损耗强度的增加，功率差逐渐增加。这证实了前面的结论，即增益和损耗的方位方向的不等效性造成了具有相反拓扑指数涡流孤子的不同特征。随着列维指数的增长，孤子的能量显著增加［见图 8.4（d）］。物理上可以解释为，随着列维指数 α 的增加，衍射效应变得更强。对于固定的 b 值，在较大的列维指数 α 下维持涡流孤子的结构，需要更强的非线性（能量）来平衡光束的衍射。

通过将涡流解加入微扰来计算孤子的动力学稳定性，其微扰形式为 $A(x,y,z)=[w(x,y)+u(x,y)\exp(\lambda z)+v^{*}(x,y)\exp(\lambda^{*}z)]\exp(im\phi+ibz)$，其中 $|u,v|\ll|w|$ 为微小扰动，上标*表示复共轭，λ 是扰动的复增长率。将这个表达式代入方程（8-1）并进行线性化处理，可以得到如下线性稳定特征值问题[33]：

$$i\begin{bmatrix} L_1 & L_2 \\ -L_2^{*} & -L_1^{*} \end{bmatrix}\begin{bmatrix} u \\ v \end{bmatrix}=\lambda\begin{bmatrix} u \\ v \end{bmatrix}. \tag{8-5}$$

这里，$L_1=\dfrac{1}{2}\nabla^{\alpha}+V-b+2\left|w\exp(im\phi)\right|^{2}$，$L_2=\left[w\exp(im\phi)\right]^{2}$。方程（8-5）可以通过傅里叶谱收集方法获得[47]。涡流孤子仅当特征值 λ 的全部实部等于 0 时是稳定的。

图 8.5 显示了拓扑指数 $m=\pm(2,3)$ 的涡流孤子解的不稳定增长率与传播常数 b 之间的依赖关系。除了在接近 $b_{cutoff}^{\pm1}$ 截止值的一个非常窄的区域，拓扑指数为 $m=\pm1$ 的涡流解几乎在整个存在区域内都是不稳定的。涡流孤子在 $b\leqslant1.17(m=2)$ 和 $b\leqslant1.31(m=-2)$ 区域内是线性稳定的［见图 8.5（a）］。稳定区域扩展为［0.79，1.47］（$m=3$）和［0.79，1.54］（$m=-3$）。这与传统结构

中涡流解的稳定性相反，传统结构中的稳定区域通常随着拓扑指数的增加而迅速减小。线性稳定性分析结果表明，只有当涡流解的亮斑相互作用时，才能形成稳定的涡流解。随着 b 的增加，相邻亮斑的距离变大，它们之间的相互作用变弱。由于单个 PT 对称波导无法支持稳定的孤子，高功率下的涡流孤子不可避免地是不稳定的。换句话说，涡流孤子只有在其中所有组分都连接成一个整实体时才能稳定地传播。涡流解的相反拓扑指数之间的不同稳定特性归因于虚势的方位方向的非等价性。

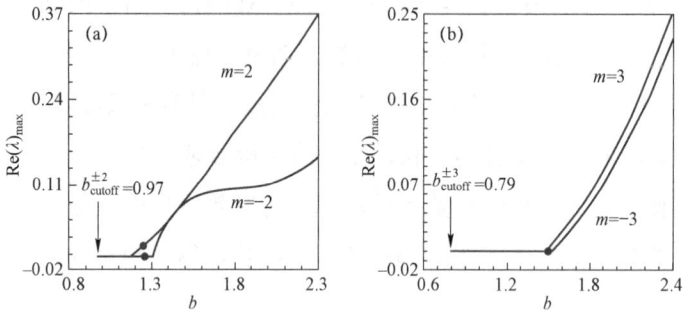

图 8.5　涡流孤子不稳定增长率与传播常数之间的依赖关系。
图（a）中 $m=\pm2$，图（b）中 $m=\pm3$。图（a）、图（b）中，$\alpha=1.6$，$p_{im,re}=5$ [46]

为了验证上述结果，我们通过分布傅里叶算法对旋涡孤子的传播进行了详细模拟。输入扰动解到方程（8-1）中，其形式为 $A_{z=0}=w\exp(im\phi)[1+\rho]$，其中 ρ 是具有最大值 $0.1\times\max(|w|)$ 的随机噪声。图 8.6 显示了一些稳定和不稳定旋涡孤子的图例。在 $b=1.24$ 时，$m=-2$ 的涡流孤子是稳定的［见图 8.6（a）、图 8.6（b）］，而拓扑指数 $m=2$ 的涡流孤子在经过长距离传播后变形［见图 8.6（c）、图 8.6（d）］。高拓扑指数的涡流孤子，在 $\max[\mathrm{Re}(\lambda)]=0$ 时，即使在强烈的增益和损耗存在的情况下，也可以稳定地传播而不出现明显的畸变［见图 8.6（e）、图 8.6（f）］。不稳定的涡流孤子表现出振幅振荡并最终坍塌的现象。

最后，我们简要讨论在非线性分数阶薛定谔方程中实现光束传播的可能性。在线性情况下，具有分数阶列维指数的拉普拉斯导数以及外部势阱可以通过 Longhi 提出的实验方案实现[23]。将两个聚焦透镜（焦距为 f）和两个带有传输函数 $t_1(x,y)=\exp(-if(x,y)/2)[f(x,y)=\beta(x^2+y^2)^{\alpha/2}]$ 和 $t_2(x,y)=\exp(-iV(x,y)/2)$ 的薄相位掩膜插入到一个具有两个平面端镜的法布里-珀罗光学谐振腔中，可以观察到由二维分数阶薛定谔方程控制的光束传播行为。聚焦透镜用于将光束变换为谱空间和实空间。

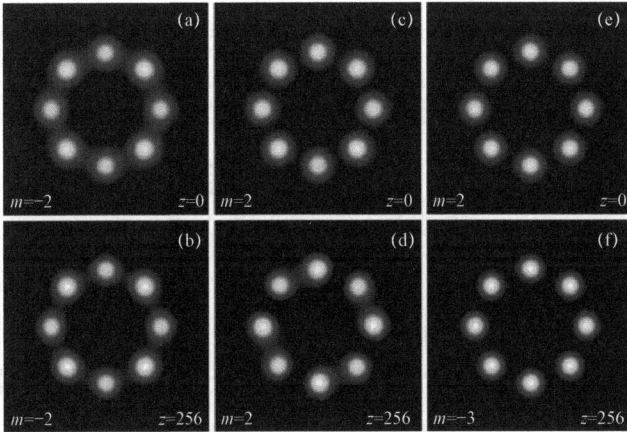

图 8.6　标记在图 8.5 中的涡流孤子的传播动力学模拟。图（a）～图（d）中 $b=1.24$，
图（e）～图（f）中 $b=1.52$。图（a）～图（f）中，$p_{re,im}=5$，$\alpha=1.6$ [46]

第一个相位掩膜在一定传播距离 z 处引起相位变化 $\exp\left[-i/2\,(x^2+y^2)^{\alpha/2}z\right]$，而第二个掩膜产生 $V(x,y)$ 的光学势阱。利用适当的第一个相位掩膜制备可以控制列维指数的值，并且由第二个掩膜产生光学势阱。在相位掩膜和聚焦透镜旁边插入 4 个相同的具有 Kerr 非线性的晶体（如 KDP，非常薄），并用携带一个螺旋数的中空光束照射这个设置，就可以观察到涡流孤子在由光学势阱调制的 Kerr 介质中（在分数阶衍射下）的传播。

可以通过变向液晶分叉光栅[50]或旋涡（准螺旋）相位掩膜[51,52]来产生携带任意方位和径向指数的旋涡光束。具有非整数拓扑指数的涡流光束[53]被观察到。旋涡的拓扑相位结构可以通过将旋涡光束与类似平面波的光束进行干涉来检测[52,54]。

该工作中的 pPT 势阱由一组环形波导构成。每个波导包括折射率调制以及存在增益和损耗，从而呈现出 PT 对称性。波导的几何排列导致全局 pPT 对称性或全局 PT 对称性。因此，实现全局 pPT 对称势的实验可以归因于通过物理手段实现具有 PT 对称性的单个波导。可以通过成熟的刻蚀和掺杂技术来实现，或者通过制作一个精心设计的相位和幅度调制的掩膜来实现。

该研究结果可以推广到其他形式的非线性分数系统,例如饱和非线性、竞争性的三次-五次非线性。主要的发现对于列维指数 $\alpha = 2$ 的传统系统仍然成立。该工作所采用的势阱也可以被其他形式势阱所替代,例如二维周期性格子、PT 对称格子。数值技术可以用于解决周期性系统的线性特征值谱,以及非线性基本孤子、项链孤子等孤子解的数值求解。

8.4 本章小结

该工作研究了在一个环形 pPT 对称势阱的分数系统中不同拓扑指数的涡旋孤子的性质。分析了 PT 和 pPT 系统的线性特征值谱。pPT 系统的实特征值谱随着列维指数的减小朝连续谱方向移动。在聚焦克尔非线性条件下,拓扑指数高达 3 的涡流孤子被发现。由于沿着方位方向的增益/损耗分布的不等价性,涡旋孤子的性质取决于拓扑指数的符号。线性稳定性分析以及直接的数值传播模拟揭示了较高拓扑指数的涡流孤子比较稳定,这与其他方案中较高拓扑指数的涡旋孤子的稳定性相反。如果将 NFSE 视为分数 Gross-Pitaevskii 方程,发现可以推广到分数维中的物质波孤子。

8.5 本章参考文献

[1] PISMEN L M. Vortices in nonlinear fields: from liquid crystals to superfluids, from non-equilibrium patterns to cosmic strings[M]. Oxford: Oxford University Press, 1999.

[2] DESYATNIKOV A S, TORNER L, KIVSHAR Y S. Optical vortices and vortex solitons[R]. Denver: Optical Science and Technology, the SPIE 49th Annual Meeting, 2004:2-6.

[3] TORRES J P, TORNER L. Twisted photons: applications of light with orbital angular momentum[M]. New York: John Wiley & Sons, 2011.

[4] ANKIEWICZ A, AKHMEDIEV N. Dissipative solitons: from optics to biology and medicine[M]. Berlin: Springer, 2008.

[5] ROSANOV N N, FEDOROV S V, SHATSEV A N. Curvilinear motion of multivortex laser-soliton complexes with strong and weak coupling[J]. Physical review letters, 2005, 95(5): 053903.

[6] SKARKA V, ALEKSIĆ N, LEBLOND H, et al. Varieties of stable vortical solitons in Ginzburg-Landau media with radially inhomogeneous losses[J]. Physical review letters, 2010, 105(21): 213901.

[7] KEELING J, BERLOFF N G. Spontaneous rotating vortex lattices in a pumped decaying condensate[J]. Physical review letters, 2008, 100(25): 250401.

[8] QUIROGA-TEIXEIRO M, MICHINEL H. Stable azimuthal stationary state in quintic nonlinear optical media[J]. JOSA B, 1997, 14(8): 2004-2009.

[9] YAKIMENKO A I, ZALIZNYAK Y A, KIVSHAR Y. Stable vortex solitons in nonlocal self-focusing nonlinear media[J]. Physical Review E, 2005, 71(6): 065603.

[10] NESHEV D N, ALEXANDER T J, OSTROVSKAYA E A, et al. Observation of discrete vortex solitons in optically induced photonic lattices[J]. Physical review letters, 2004, 92(12): 123903.

[11] FERRANDO A, ZACARÉS M, GARCÍA-MARCH M Á, et al. Vortex transmutation[J]. Physical review letters, 2005, 95(12): 123901.

[12] YANG J, MUSSLIMANI Z H. Fundamental and vortex solitons in a two-dimensional optical lattice[J]. Optics letters, 2003, 28(21): 2094-2096.

[13] TERHALLE B, RICHTER T, DESYATNIKOV A S, et al. Observation of multivortex solitons in photonic lattices[J]. Physical review letters, 2008, 101(1): 013903.

[14] KEVREKIDIS P, MALOMED B, GAIDIDEI Y B. Solitons in triangular and honeycomb dynamical lattices with the cubic nonlinearity[J]. Physical Review E, 2002, 66(1): 016609.

[15] BENDER C M, BOETTCHER S, MEISINGER P N. PT-symmetric quantum mechanics[J]. Journal of Mathematical Physics, 1999, 40(5): 2201-2229.

[16] BENDER C M, BOETTCHER S. Real spectra in non-Hermitian Hamiltonians

having PT symmetry[J]. Physical review letters, 1998, 80(24): 5243.

[17] BENDER C M. Making sense of non-Hermitian Hamiltonians[J]. Reports on Progress in Physics, 2007, 70(6): 947.

[18] LASKIN N. Fractional schrödinger equation[J]. Physical Review E, 2002, 66(5): 056108.

[19] LASKIN N. Fractional quantum mechanics[J]. Physical Review E, 2000, 62(3): 3135.

[20] LASKIN N. Fractional quantum mechanics and Lévy path integrals[J]. Physics Letters A, 2000, 268(4-6): 298-305.

[21] MAKRIS K G, EL-GANAINY R, CHRISTODOULIDES D, et al. Beam dynamics in PT symmetric optical lattices[J]. Physical Review Letters, 2008, 100(10): 103904.

[22] MUSSLIMANI Z, MAKRIS K G, EL-GANAINY R, et al. Optical solitons in PT periodic potentials[J]. Physical Review Letters, 2008, 100(3): 030402.

[23] LONGHI S. Fractional Schrödinger equation in optics[J]. Optics letters, 2015, 40(6): 1117-1120.

[24] ZHANG Y, LIU X, BELIĆ M R, et al. Propagation dynamics of a light beam in a fractional Schrödinger equation[J]. Physical review letters, 2015, 115(18): 180403.

[25] ZHANG Y, ZHONG H, BELIĆ M R, et al. Diffraction-free beams in fractional Schrödinger equation[J]. Scientific Reports, 2016, 6(1): 23645.

[26] KONOTOP V V, YANG J, ZEZYULIN D A. Nonlinear waves in PT-symmetric systems[J]. Reviews of Modern Physics, 2016, 88(3): 035002.

[27] ZHANG L, LI C, ZHONG H, et al. Propagation dynamics of super-Gaussian beams in fractional Schrödinger equation:from linear to nonlinear regimes[J]. Optics express, 2016, 24(13): 14406-14418.

[28] HUANG C, DONG L. Gap solitons in the nonlinear fractional Schrödinger equation with an optical lattice[J]. Optics Letters, 2016, 41(24): 5636-5639.

[29] DONG L, HUANG C. Double-hump solitons in fractional dimensions with a

PT-symmetric potential[J]. Optics Express, 2018, 26(8): 10509-10518.

[30] YAO X, LIU X. Solitons in the fractional Schrödinger equation with parity-time-symmetric lattice potential[J]. Photonics Research, 2018, 6(9): 875-879.

[31] NIXON S, YANG J. All-real spectra in optical systems with arbitrary gain-and-loss distributions[J]. Physical Review A, 2016, 93(3): 031802.

[32] NIXON S, GE L, YANG J. Stability analysis for solitons in PT-symmetric optical lattices[J]. Physical Review A, 2012, 85(2): 023822.

[33] YANG J. Partially PT symmetric optical potentials with all-real spectra and soliton families in multidimensions[J]. Optics Letters, 2014, 39(5): 1133-1136.

[34] KARTASHOV Y V, KONOTOP V V, TORNER L. Topological states in partially-PT- symmetric azimuthal potentials[J]. Physical review letters, 2015, 115(19): 193902.

[35] HUANG C, DONG L. Stable vortex solitons in a ring-shaped partially-PT-symmetric potential[J]. Optics Letters, 2016, 41(22): 5194-5197.

[36] KARTASHOV Y V, KONOTOP V V, TORNER L. Topological solitons in partially-PT-symmetric potentials;proceedings of the Nonlinear Photonics, F, 2016[C]. Optica Publishing Group.

[37] ZHANG Y, ZHONG H, BELIĆ M R, et al. PT symmetry in a fractional Schrödinger equation[J]. Laser & Photonics Reviews, 2016, 10(3): 526-531.

[38] ZHONG W P, BELIĆ M R, MALOMED B A, et al. Spatiotemporal accessible solitons in fractional dimensions[J]. Physical Review E, 2016, 94(1): 012216.

[39] ZHONG W P, BELIĆ M, ZHANG Y. Accessible solitons of fractional dimension[J]. Annals of Physics, 2016(368): 110-116.

[40] HUANG C, DONG L. Beam propagation management in a fractional Schrödinger equation[J]. Scientific Reports, 2017, 7(1): 1-8.

[41] XIAO J, TIAN Z, HUANG C, et al. Surface gap solitons in a nonlinear fractional Schrödinger equation[J]. Optics Express, 2018, 26(3): 2650-2658.

[42] GUO B, HUANG D. Existence and stability of standing waves for nonlinear fractional Schrödinger equations[J]. Journal of Mathematical Physics, 2012, 53(8).

[43] HERRMANN R. Fractional calculus: an introduction for physicists[M]. Singapore: World Scientific, 2011.

[44] BALEANU D, GOLMANKHANEH A K, GOLMANKHANEH A K, et al. Fractional electromagnetic equations using fractional forms[J]. International Journal of Theoretical Physics, 2009(48): 3114-3123.

[45] KARTASHOV Y V, FERRANDO A, EGOROV A A, et al. Soliton topology versus discrete symmetry in optical lattices[J]. Physical review letters, 2005, 95(12): 123902.

[46] DONG L, HUANG C. Vortex solitons in fractional systems with partially parity-time-symmetric azimuthal potentials[J]. Nonlinear Dynamics, 2019, 98(2): 1019-1028.

[47] YANG J. Nonlinear waves in integrable and nonintegrable systems[M]. Philadelphia:SIAM, 2010.

[48] GUO B, PU X, HUANG F. Fractional partial differential equations and their numerical solutions[M]. Singapore: World Scientific, 2015.

[49] DONG L, LI H, HUANG C, et al. Higher-charged vortices in mixed linear-nonlinear circular arrays[J]. Physical Review A, 2011, 84(4): 043830.

[50] DUAN W, CHEN P, GE S J, et al. Helicity-dependent forked vortex lens based on photo-patterned liquid crystals[J]. Optics Express, 2017, 25(13): 14059-14064.

[51] SWARTZLANDER JR G, LAW C. Optical vortex solitons observed in Kerr nonlinear media[J]. Physical Review Letters, 1992, 69(17): 2503.

[52] PALACIOS D, MALEEV I, MARATHAY A, et al. Spatial correlation singularity of a vortex field[J]. Physical review letters, 2004, 92(14): 143905.

[53] LEACH J, YAO E, PADGETT M J. Observation of the vortex structure of a non-integer vortex beam[J]. New Journal of Physics, 2004, 6(1): 71.

[54] CHEN P, WEI B Y, JI W, et al. Arbitrary and reconfigurable optical vortex generation:a high-efficiency technique using director-varying liquid crystal fork gratings[J]. Photonics Research, 2015, 3(4): 133-139.

第 9 章
分数维系统中的非局域孤子

9.1 引 言

自从 Snyder 和 Mitchell 的先驱工作报道以来[1]，非局域介质中孤子动力学在不同的物理系统中引起了广泛的兴趣，包括向列型液晶[2]、铅玻璃[3]、光折变晶体[4]、玻色-爱因斯坦凝聚体[5]和原子蒸汽[6]。在光学中，在光与物质相互作用涉及分子重新取向、载流子扩散和热传导等机制时产生非局域性[7,8]。非局域介质的折射率的非线性贡献可以表示为 $n(I) = \int R(x-x')I(x')\mathrm{d}x'$，其中 R 是响应函数，I 是输入光束的强度。

响应函数在不同的非局域介质中采取不同的形式，如向列型液晶中的指数衰减响应函数[9,10]，热非线性介质中的多项式函数[11]，以及非局域 Kerr 介质中的高斯函数[12,13]。非局域性抑制了平面波的调制不稳定性[14]，阻止了多极孤子[15]和涡旋孤子[16,17]的坍缩。它还允许存在具有异相分量的非线性束缚态[9,10]。特别地，已经证明在向列型液晶和热介质中，稳定多极模式孤子的最大峰数为 4。

近年来，人们对线性和非线性分数阶薛定谔方程的研究兴趣不断增长。这种兴趣在一定程度上受到了其在空间分数阶量子力学领域中的重要性的驱动[18-20]，同时也受到了其在模拟分数阶衍射效应下的光束传播过程中所具备的丰富可能性的影响[21,22]。2015 年，Longhi 首次将分数阶薛定谔方程引入光学领域[21]。紧接着，研究者对分数阶薛定谔方程中的啁啾高斯光束的传播[22]、无衍射光束的传播[23]、PT 对称性[24]、线性模式[25,26]以及光束传播管理[27]等进行了深入研究。在非线性介质中，还在非保守势下的非线性分数阶薛定谔方程中发现了超高斯光束[28]、带隙孤子[29]和表面带隙孤子[30]。此外，在非保守 PT 势阱下，双峰孤子[31]、二维基本孤子[32]和涡旋孤子[30]也有相应的报道。

到目前为止，研究非线性分数阶薛定谔方程中的孤子都是在具有局域非线性响应的介质中进行的。在非局域介质中，分数阶衍射效应下非线性模的传播动力学尚未得到揭示。因此，探索分数维非局域孤子的性质是这个工作的中心目标。

9.2 理论模型

我们考虑在具有非局域非线性的向列型液晶中，沿 x 方向的分数阶衍射效应，激光沿着 z 轴方向的传播。因此，无量纲形式的方程组可以通过慢变光场振幅 q 的非线性分数阶薛定谔方程来建模：

$$i\frac{\partial q}{\partial z} = \frac{1}{2}\left(-\frac{\partial^2}{\partial x^2}\right)^{\alpha/2} q - qn,$$

$$n - d\frac{\partial^2 n}{\partial x^2} = |q|^2. \tag{9-1}$$

方程（9-1）中，x 和 z 分别表示经过缩放的横向和纵向坐标；分数拉普拉斯算子 $\left(-\frac{\partial^2}{\partial x^2}\right)^{\alpha/2}$ 描述了光束经历的分数阶衍射效应；参数 $\alpha \in (1,2]$ 称为列维指数。当 $\alpha = 2$ 时，方程（9-1）退化为一组正常衍射下的传统非局域非线性薛定谔方程。

折射率 n 的非线性修正可表示为 $n = \int_{-\infty}^{+\infty} G(x-x')|q(x',z)|^2 \mathrm{d}x'$，这里 $G(x)$ 是非局域介质的响应函数。具体来讲，我们考虑 $G(x) = 1/2d^{1/2}\exp(-|x|/d^{1/2})$，这恰好是液晶的响应函数[9,10]。参数 d 描述了非线性响应的非局域程度。当 $d \to 0$ 时，方程（9-1）退化为一维非线性薛定谔方程[25-30]。当 $d \to \infty$ 时，系统表现出强非局域性，可以简化为携有外部抛物线势阱的线性分数阶薛定谔方程。

由分数阶拉普拉斯导数描述的分数阶衍射效应可以通过将相位掩膜插入具有两个平面端镜的法布里-珀罗光学谐振腔中[19]实现。列维指数 α 的值可以

通过适当制作相位掩膜来进行控制。方程（9-1）中包括了几个守恒量，如能

量 $U = \int_{-\infty}^{+\infty} |q|^2 \, dx$，哈密顿量 $H = \dfrac{1}{2} \int_{-\infty}^{+\infty} \left[\left| \left(-\dfrac{\partial^2}{\partial x^2} \right)^{\alpha/4} q \right|^2 - |q|^2 \int_{-\infty}^{+\infty} G(x-x') |q(x')|^2 \, dx' \right] dx$。

方程（9-1）的静态解可以通过 $q(x,z) = w(x)\exp(ibz)$ 来寻找，其中 $w(x)$ 是一个实函数，表示孤子的剖面，b 是传播常数。将这个表达式代入方程（9-1）中，得到耦合方程：

$$\frac{1}{2}\left(-\frac{\partial^2}{\partial x^2} \right)^{\alpha/2} w - bw + nw = 0,$$

$$n - d\frac{\partial^2 n}{\partial x^2} - |w|^2 = 0. \tag{9-2}$$

方程（9-1）可以通过平方算子迭代方法[31]求解。

9.3　数值结果与讨论

不同列维指数的两个基本孤子的例子如图 9.1（a）和图 9.1（b）所示。由于非局部的有限响应，诱导的非线性折射率修正 $n(x)$ 是局域的。列维指数的变化并未明显改变孤子的分布。然而，正如我们后面展示的，分数阶列维指数对于抑制多极模式孤子的不稳定性具有重要作用。当 $b \to 0$ 时，孤子剖面显著变宽，峰值趋近于 0。随着 b 的增加，孤子的峰值和非线性折射率修正都单调增加。在 α 等于 1.7 和 2.0 的情况下，孤子的能量曲线几乎无法区分 [图 9.1（c）]。哈密顿量是孤子能量单调递减的函数 [图 9.1（d）]。对于固定能量 U，基本孤子达到了 H 的绝对最小值。

除了基本孤子，由方程（9-1）描述的分数阶系统还支持由几个异相的基本分量组成的高阶束缚态。对于 $b=0.2$ 的二极子孤子，在非线性折射率修正的两个峰之间存在明显的低谷 [图 9.2（a）]。这些分离的孤子分量可以视为两个独立的基本模式，它们之间的排斥可以忽略不计。随着 b 的增加，非线性变得更强，折射率修正的两个峰之间的低谷会最终消失 [图 9.2（b）]。不同程度的非局域性介质中的二极子孤子能量 U 是 b 的递增函数 [图 9.2（c）]。在具有较强非局域（$d=8$）介质中，固定 U 时的哈密顿量 H 的绝对值小于在较弱非

局域（$d=5$）介质中的绝对值［图9.2（d）］。

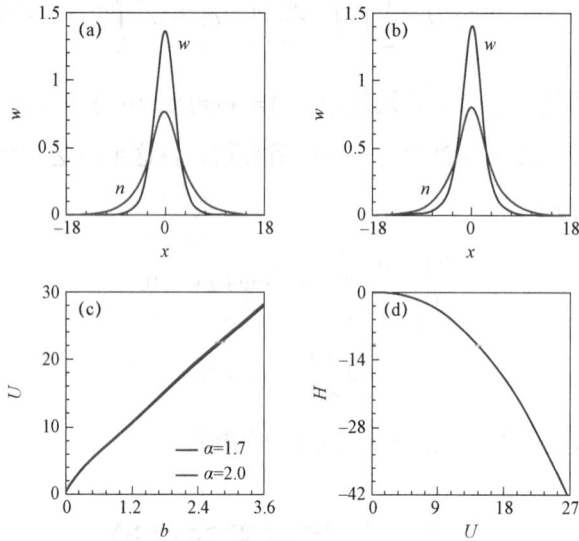

图9.1　图（a）、图（b），$b=0.6$时基本孤子的剖面。图（a）中，$\alpha=1.7$；图（b）中，$\alpha=1.3$。图（c）为不同列维指数α下基本孤子的功率图；图（d）为$\alpha=1.7$时哈密顿量与能量之间的依赖关系。图（a）～图（d）中，$d=8$[33]

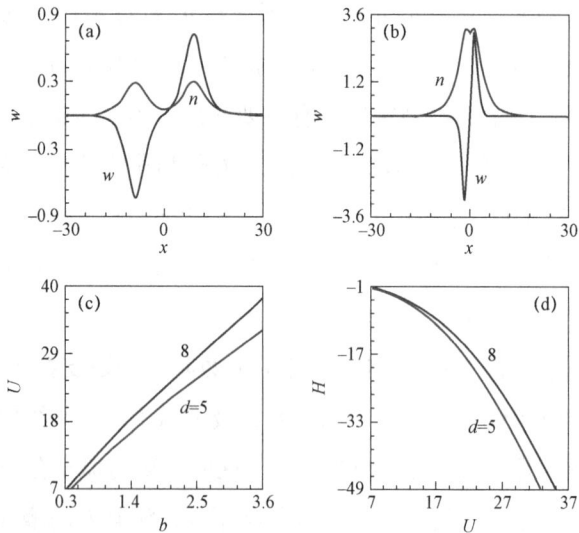

图9.2　图（a）和图（b）分别为$b=0.2$和$b=2.0$时二极孤子的剖面。图（c）和图（d）分别为二极孤子在不同d时的(U,b)和(H,U)图。图（a）、图（b）中，$d=8$；图（a）、图（d）中，$\alpha=1.7$[33]

为了说明多级模孤子的稳定性，我们寻求方程（9-1）的扰动解，形式为 $q(x,z) = [w(x) + u(x)\exp(i\lambda z) + v^*(x)\exp(-i\lambda^* z)]\exp(ibz)$，其中，$|u,v| \ll |w|$ 是微小的扰动本征模式，λ 是复增长率，*表示复共轭。围绕方程（9-1）的静态解进行线性化处理，可以得到以下线性稳定特征值问题：

$$\lambda u = -\frac{1}{2}\left(-\frac{\partial^2}{\partial x^2}\right)^{\alpha/2} u - bu + nu + w\int_{-\infty}^{+\infty} G(x-x')w(x')\left[u(x') + v(x')\right]\mathrm{d}x',$$

$$\lambda v = -\frac{1}{2}\left(-\frac{\partial^2}{\partial x^2}\right)^{\alpha/2} v + bv - nv - w\int_{-\infty}^{+\infty} G(x-x')w(x')\left[u(x') + v(x')\right]\mathrm{d}x'. \quad (9\text{-}3)$$

方程（9-3）可以通过傅里叶谱收集方法求解。只有当特征值 λ 的所有实部都等于零时，孤子才能稳定传输。

线性稳定性分析结果表明，该分数维系统中的基本孤子和二极孤子在它们的整个存在区域内是稳定的，类似于 $\alpha = 2$ 的非局域系统中的孤子[10]。然而，超过两个峰的孤子，不稳定性出现了。例如，当 b 低于一个阈值时，三极孤子的不稳定增长率不为零 [图 9.3（b）]。同时，在 $d = 12$ 的系统中，稳定三极孤子的 b 的阈值小于在 $d = 8$ 的系统中的阈值。这表明强非局域性有利于多极模式孤子的稳定性。当 $b \geqslant 2.46$ 时，四极孤子是稳定的，在 $b = 1.11$ 时，三极孤子的不稳定性增长率减小至 0 [图 9.3（d）]。这意味着随着孤子峰数的增加，不稳定区域扩展。

从图 9.3（a）、图 9.3（c）和图 9.3（e）可以看出，在固定的传播常数 b 时，束缚态的有效宽度（定义为 $W_{\text{eff}} = \sqrt{\int_{-\infty}^{+\infty} x^2 |w|^2 \mathrm{d}x / U}$）随着峰数的增加而增加。非线性折射率修正的低谷正好位于孤子峰的位置。随着非线性的进一步增强，无论是通过增加传播常数 b 还是参数 d，这些低谷都会变得平滑，并且 $n(x)$ 呈现出钟形的轮廓。高阶束缚态可以被视为在外部势中受限的非线性驻波。

本工作中最重要的发现是，在分数阶系统中，非线性束缚态可以在峰值数超过 4 时仍然稳定。这与传统系统中的高阶态形成了鲜明的对比，在这些传统系统中，稳定的多极模孤子峰数值最多为 4，这一现象在液晶[10]和热介质[11]中均得到了观察。图 9.3（f）展示了线性稳定性分析结果的典型例子。当 $\alpha = 2$ 时，具有 5 个峰值的束缚态的不稳定性增长率随着 b 趋近于无穷而逐渐增加，而五阶孤子的不稳定增长率在 $b=3.51$ 时减小为零。这可能是由于 $\alpha=1.7$ 的系统相对于 $\alpha=2$ 的系统光束经历的衍射相对较弱。这种较弱的分数阶衍射可以更容易被非局域非线性补偿。

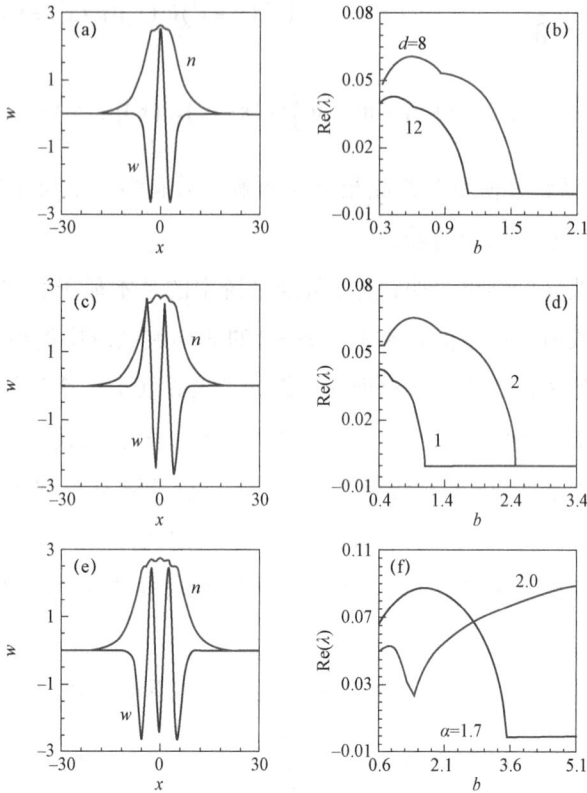

图 9.3　三极孤子 [图 (a)]、四极孤子 [图 (c)] 和五阶孤子 [图 (e)] 在 $b=2.0$ 时的剖面图。图 (b) 为不同 d 对应的三极孤子的不稳定增长率与传播常数 b 的依赖关系。图 (d) 为三极孤子 (曲线 1) 和四极孤子 (曲线 2) 的不稳定增长率与 b 的关系。图 (f) 为不同 α 时五阶孤子的不稳定性增长率。图 (a) ~ 图 (e) 中，$\alpha=1.7$；图 (a)、图 (c) ~ 图 (f) 中，$d=12$ [33]

为了更详细地探讨多极模孤子的稳定性，我们在图 9.4 中展示了七阶和九阶孤子以及它们的不稳定增长率。当非线性强度增加时，非线性修正折射率的峰值比孤子的峰值更快地增加 [图 9.4 (b)]。$n(x)$ 被压缩到一个狭窄的区域，这反过来导致孤子轮廓的收缩。当 b 较大时，$n(x)$ 曲线上的 9 个低谷几乎难以区分。与常规衍射（$\alpha=2$）下完全不稳定的五阶、七阶和九阶孤子不同，当 b 超过一定值时，分数阶衍射下的非线性模式可以形成稳定的束缚态［图9.4（c）和图9.4（d）］。稳定束缚态的临界 b 值随孤子峰数的增加而增加。

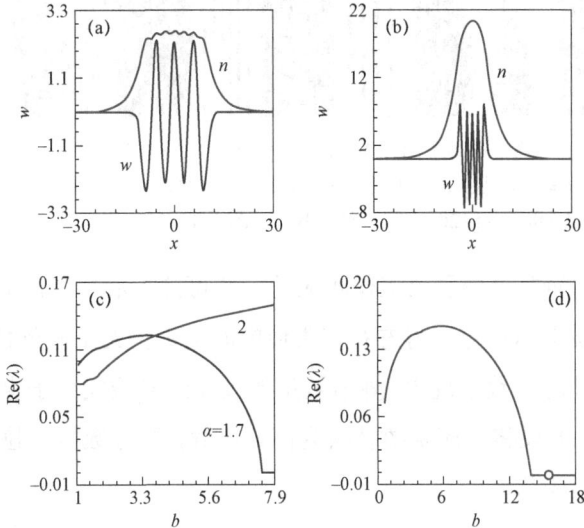

图 9.4　图（a），$b=2.0$ 时七阶孤子的剖面。图（b），$b=15.5$ 时九阶孤子的剖面。图（c）和（d），七阶和九阶孤子的不稳定增长率与传播常数 b 之间的依赖关系。图（a）、图（b）和图（d）中，$\alpha=1.7$；图（a）～图（d）中，$d=12$ [33]

类似于具有较少峰值的孤子［如图9.3（a）和图9.3（b）中展示的三极孤子］，具有多峰的多极模孤子不稳定性也可以通过增加非局域性程度 d 来有效抑制。我们还应该注意到，存在着一个上列维指数阈值，在该值之下，5 个或更多峰值的束缚态可以稳定传播。参数为 $d=12$ 的系统中，九阶孤子的临界值为 $\alpha=1.77$。随着峰值数的减少，α_{upp} 上限值会缓慢增加。基于以上结果，我们期望，在分数维系统中，只要非线性足够强或系统具有非常强的非局域性，任意数量峰值的孤子都可以稳定传播。

通过直接数值传播模拟方程（9-1）的结果，验证了多极模孤子的线性稳定性分析。光束输入条件为 $q(x,z=0)=w(x)[1+\rho(x)]$，其中 $\rho(x)$ 是高斯分布的随机噪声。图9.5 中显示了典型的多极模动力学传播结果，其与线性稳定分析预测的结果完全一致。在具有分数阶衍射效应的系统中，高阶孤子可以稳定地传播非常远的距离。

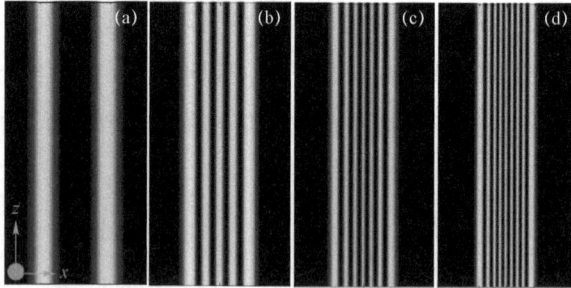

图 9.5 多极模孤子的稳定传播例子。图（a），二极孤子，$b=0.2$。图（b），五极孤子，$b=3.6$。图（c），七极孤子，$b=7.9$。图（d），九极孤子，$b=15.5$。图（a）～图（d）中，$\alpha=1.7$，$z=1\,600$。图（a）中，$d=8$，$x\in[-20,+20]$；图（b）～图（d）中，$d=12$，$x\in[-10,+10]$[33]

这里，我们简要讨论了该工作相应的一些可能扩展。在正常衍射下，向列型液晶和热介质中的稳定束缚态存在类似的峰值数量的上限阈值。我们预期，在具有热非线性的分数系统中，峰值数量超过 4 的多极模孤子也可以在适当条件下稳定传播。如果将响应函数替换为高斯函数，则分数拉普拉斯并不会导致峰值数量的上限阈值。

9.4　本章小结

在该工作中，分数阶薛定谔方程中多极模孤子的稳定特性被研究。基本孤子和二极孤子是完全稳定的，但包含更多峰值的束缚态可能会表现出振荡不稳定性。孤子的不稳定区域随着非局域性的增长而缩小，并随着孤子峰值数量的增加而扩大。最引人注目的特点是，在分数维度中，稳定束缚态中的峰值数量没有上限限制。并且该工作提出的分数维模型可以推广到其他类型的非局域介质中，研究其可能存在的孤子族特性。

9.5　本章参考文献

[1] SNYDER A W, MITCHELL D J. Accessible solitons[J]. Science, 1997, 276(5318): 1538-1541.

[2] PECCIANTI M, ASSANTO G. Nematicons[J]. Physics Reports, 2012,

516(4-5): 147-208.

[3] ROTSCHILD C, COHEN O, MANELA O, et al. Solitons in nonlinear media with infinite range of nonlocality:first observation of coherent elliptic solitons and vortex-ring solitons; proceedings of the Quantum Electronics and Laser Science Conference, F, 2005[C]. Optica Publishing Group.

[4] KRÓLIKOWSKI W, SAFFMAN M, LUTHER-DAVIES B, et al. Anomalous interaction of spatial solitons in photorefractive media[J]. Physical review letters, 1998, 80(15): 3240.

[5] PEDRI P, SANTOS L. Two-dimensional bright solitons in dipolar Bose-Einstein condensates[J]. Physical review letters, 2005, 95(20): 200404.

[6] SKUPIN S, SAFFMAN M, KROLIKOWSKI W. Nonlocal stabilization of nonlinear beams in a self-focusing atomic vapor[J]. Physical review letters, 2007, 98(26): 263902.

[7] KROLIKOWSKI W, BANG O, NIKOLOV N I, et al. Modulational instability, solitons and beam propagation in spatially nonlocal nonlinear media[J]. Journal of optics B: quantum and semiclassical optics, 2004, 6(5): S288.

[8] PECCIANTI M, CONTI C, ASSANTO G. Interplay between nonlocality and nonlinearity in nematic liquid crystals[J]. Optics letters, 2005, 30(4): 415-417.

[9] XU Z, KARTASHOV Y V, TORNER L. Upper threshold for stability of multipole-mode solitons in nonlocal nonlinear media[J]. Optics letters, 2005, 30(23): 3171-3173.

[10] RASMUSSEN P D, BANG O, KRÓLIKOWSKI W. Theory of nonlocal soliton interaction in nematic liquid crystals[J]. Physical Review E, 2005, 72(6): 066611.

[11] DONG L, YE F. Stability of multipole-mode solitons in thermal nonlinear media[J]. Physical Review A, 2010, 81(1): 013815.

[12] BANG O, KROLIKOWSKI W, WYLLER J, et al. Collapse arrest and soliton stabilization in nonlocal nonlinear media[J]. Physical Review E, 2002, 66(4): 046619.

[13] BUCCOLIERO D, DESYATNIKOV A S, KROLIKOWSKI W, et al. Laguerre and Hermite soliton clusters in nonlocal nonlinear media[J]. Physical review letters, 2007, 98(5): 053901.

[14] KRÓLIKOWSKI W, BANG O. Solitons in nonlocal nonlinear media: exact solutions[J]. Physical Review E, 2000, 63(1): 016610.

[15] KARTASHOV Y V, TORNER L, VYSLOUKH V A, et al. Multipole vector solitons in nonlocal nonlinear media[J]. Optics letters, 2006, 31(10): 1483-1485.

[16] KARTASHOV Y V, VYSLOUKH V A, TORNER L. Stabilization of higher-order vortices and multihump solitons in media with synthetic nonlocal nonlinearities[J]. Physical Review A, 2009, 79(1): 013803.

[17] IZDEBSKAYA Y V, SHVEDOV V G, JUNG P S, et al. Stable vortex soliton in nonlocal media with orientational nonlinearity[J]. Optics Letters, 2018, 43(1): 66-69.

[18] LASKIN N. Fractional schrödinger equation[J]. Physical Review E, 2002, 66(5): 056108.

[19] LASKIN N. Fractional quantum mechanics[J]. Physical Review E, 2000, 62(3): 3135.

[20] LASKIN N. Fractional quantum mechanics and Lévy path integrals[J]. Physics Letters A, 2000, 268(4-6): 298-305.

[21] LONGHI S. Fractional Schrödinger equation in optics[J]. Optics letters, 2015, 40(6): 1117-1120.

[22] ZHANG Y, LIU X, BELIĆ M R, et al. Propagation dynamics of a light beam in a fractional Schrödinger equation[J]. Physical review letters, 2015, 115(18): 180403.

[23] ZHANG Y, ZHONG H, BELIĆ M R, et al. Diffraction-free beams in fractional Schrödinger equation[J]. Scientific Reports, 2016, 6(1): 23645.

[24] ZHANG Y, ZHONG H, BELIĆ M R, et al. PT symmetry in a fractional Schrödinger equation[J]. Laser & Photonics Reviews, 2016, 10(3): 526-531.

[25] ZHONG W P, BELIĆ M R, MALOMED B A, et al. Spatiotemporal accessible solitons in fractional dimensions[J]. Physical Review E, 2016, 94(1): 012216.

[26] ZHONG W P, BELIĆ M, ZHANG Y. Accessible solitons of fractional dimension[J]. Annals of Physics, 2016(368): 110-116.

[27] HUANG C, DONG L. Beam propagation management in a fractional Schrödinger equation[J]. Scientific Reports, 2017, 7(1): 1-8.

[28] ZHANG L, LI C, ZHONG H, et al. Propagation dynamics of super-Gaussian beams in fractional Schrödinger equation:from linear to nonlinear regimes[J]. Optics express, 2016, 24(13): 14406-14418.

[29] HUANG C, DONG L. Gap solitons in the nonlinear fractional Schrödinger equation with an optical lattice[J]. Optics Letters, 2016, 41(24): 5636-5639.

[30] XIAO J, TIAN Z, HUANG C, et al. Surface gap solitons in a nonlinear fractional Schrödinger equation[J]. Optics Express, 2018, 26(3): 2650-2658.

[31] DONG L, HUANG C. Double-hump solitons in fractional dimensions with a PT-symmetric potential[J]. Optics Express, 2018, 26(8): 10509-10518.

[32] YAO X, LIU X. Solitons in the fractional Schrödinger equation with parity-time-symmetric lattice potential[J]. Photonics Research, 2018, 6(9): 875-879.

[33] DONG L, HUANG C, QI W. Nonlocal solitons in fractional dimensions[J]. Optics Letters, 2019, 44(20): 4917-4920.

第10章
分数维系统中携带分数角动量的项链光束

10.1 引 言

近年来，研究者对分数阶薛定谔方程（FSE）中物理现象的兴趣日益增长，特别是在分数量子力学[1-3]和分数光学[4]领域。这种兴趣的推动主要有两方面的原因。首先，分数阶薛定谔方程在描述分数维物理领域的多样性方面非常重要，例如量子霍尔效应[5]、Talbot 效应[6]、Josephson 效应[7]和量子振荡器[8]。其次，分数阶薛定谔方程为模拟空间孤子在分数阶衍射下的动力学行为提供了丰富的可能性[9]。N. Laskin 提出的广义分数阶薛定谔方程[10]描述了当费曼路径积分中的布朗运动轨迹被列维飞行取代时的物理情景[1-3]。

2015 年，通过考虑标准薛定谔方程与傍轴波动方程之间的完美类比，S. Longhi 将分数阶薛定谔方程推广到光学领域[4]。随后，分数阶衍射系统中的光束在线性[11-15]和非线性[9,10,16-23]情况下进行了传播动力学研究。典型的例子包括：啁啾高斯光束传播[15]、PT 对称性[13]、线性模式[11,12]、传播管理[24]、超高斯光束传播[10]、带隙孤子[9]、PT 对称孤子[16-19]、涡旋孤子[20-22]、非局域孤子[25]、矢量孤子[26]和多峰孤子[23]。在分数维中，克尔介质中孤子的对称性破缺[27]、PT 对称系统中的孤子[28]以及复杂 Ginzburg-Landau 模型中的孤子[29]也有被研究报道。

值得提及的是，在列维指数 $\alpha=1$ 的线性系统中，一维的无啁啾高斯光束会分裂成两个倾斜的无衍射光束[14,24]，而二维无啁啾高斯光束在一定传播距离后会呈现锥形衍射[14]。因此，列维指数 α 的减小会产生两个结果，即一开始会减弱传统的衍射效应，而在一定传播距离后会出现非传统的衍射效应。

在非线性情况中，存在着不同空间分布场的束缚态族[30]。其中，项链束缚态在连续环模和多极模之间建立了联系而显得非常特殊[31-35]。项链光束是由一组孤子单元构成的，其沿着一个环的轨迹展示出周期性的强度分布，而相邻的"斑点"则是异相的。项链图案可以被看作是两个涡漩模式的相干叠加，这两个模式具有相同的振幅但携带相反的拓扑指数。项链光束可以携带轨道角动量（OAM），在传播过程中会产生全局旋转。以整数轨道角动量为特征的螺旋相位离散扭曲率将光束量化为不同的正交状态，这允许携带轨道角动量光束应用在光通信中[36]。与携带整数轨道角动量的涡漩光束相比，携带分数轨道角动量的光束在粒子引导和传输[37]、各向异性边缘增强[38]、高维量子纠缠[39]和自由空间光通信[40]等方面具有特殊的应用。最近，分数轨道角动量已经得到了精确测量[41]。

项链孤子在多种非线性光学系统中在理论上被预测出来。在聚焦的 Kerr 介质中，它们的扩展速度较慢，可以在许多物理衍射长度内保持形状，尽管基态孤子在本质上是不稳定的。此外，项链环光束可以携带整数或分数的轨道角动量。两分量的项链环向量孤子和多色孤子团[42,43]也被揭示出来。此外，在复杂的 Ginzburg-Landau 方程中，空时项链环孤子被显示可以传输数千个衍射长度[44]，项链环图案可能会融合成涡漩和基本孤子[45]。为了抑制项链孤子的结构不稳定性，已经提出了各种理论模型。研究表明，在具有竞争非线性的系统中，如二次-三次[46]和三次-五次[47,48]介质，可以减缓项链光束的径向扩展。另一种稳定项链孤子的有效方法是引入外部势场[49,50]。在非局域介质中，也观察到了稳定的项链孤子[51]。在二元玻色-爱因斯坦凝聚体中引入 Lee-Huang-Yang 修正后进行建模的亚稳态量子液滴团簇方面已有了演示对亚稳态量子液滴团簇进行了动力学研究[52]。只有竞争非线性的系统才具有有效势的最小能量，对应于有效的最佳半径。在该半径上构建的项链光束可以传输数千个衍射长度[52,53]。但是在 Kerr 或饱和非线性介质中，有效势是半径的单调函数，没有适用于构建非常稳定的项链光束的最佳半径。

尽管分数阶孤子和项链孤子的研究取得了很大进展，但在非线性分数阶系统中从未报道过携带分数角动量的项链图案。除了最近的一项研究[53]，以前关于项链孤子的研究都基于传统的非线性薛定谔方程。文献[53]报道了具有整数螺旋数的稳健项链光束。因此，一个未被探索的问题产生了，即在分数阶系统中是否存在携带分数轨道角动量的稳定项链光束。考虑到分数阶衍射有利于稳定孤子，因此，可以预期通过降低列维指数来减弱项链光束的结构不稳定性。在该工作中，首次在分数阶衍射下对整数、半整数和分数轨道角动量的项链光束的存在性、对称性和稳定性进行了详细的分析。

10.2 理论模型

我们基于分数阶衍射效应，在饱和聚焦非线性介质中研究傍轴光束的传播动力学特性。该传播特性可由二维非线性分数阶薛定谔方程进行描述，即

$$i\frac{\partial \Psi}{\partial z}=\frac{1}{2}\left(-\frac{\partial^2}{\partial x^2}-\frac{\partial^2}{\partial y^2}\right)^{\alpha/2}\Psi-\frac{|\Psi|^2}{1+s|\Psi|^2}\Psi, \tag{10-1}$$

这里，$(-\nabla)^{\alpha/2}=\left(-\frac{\partial^2}{\partial x^2}-\frac{\partial^2}{\partial y^2}\right)^{\alpha/2}$ 是分数拉普拉斯项，描述输入光束的分数阶衍射效应，α 为列维指数，且 $1<\alpha\leqslant 2$。s 为饱和系数，Ψ 为光场的包络分布。传播距离 z 以衍射长度 L_d 为单位进行度量。方程（10-1）可通过分数麦克斯韦方程组推导获得[54,55]。当 $\alpha=2$ 时，方程（10-1）退化为标准非线性薛定谔方程。

在方程（10-1）中，哈密顿量中的 kinetic 项可以由量子 Riesz 导数（阶数为 α）表示。相应的分数阶拉普拉斯算子可以通过积分关系进行定义：

$$(-\nabla)^{\alpha/2}\Psi(x,y)=\left(\frac{1}{2\pi}\right)^2\iiiint\Xi\,\mathrm{d}K_x\mathrm{d}x'\mathrm{d}K_y\mathrm{d}y'$$

$$\Xi=[(K_x^2+K_y^2)^{\alpha/2}\Psi(x',y')\exp(i[K_x(x-x')+K_y(y-y')])]. \tag{10-2}$$

值得说明的是，在分数阶系统中，衍射长度的定义为 $L_d=2\pi nR_0^\alpha/\lambda$，其中 n 是线性折射率，λ 是波长，而 R_0 是一个标度化的横向长度。对于一个典型的输入光束，宽度为 $R_0=10\ \mu m$，波长为 $\lambda=1\ 550\ nm$，折射率为 $n=1.5$，当 $\alpha=1.72$ 时，系统中的 L_d 为 38.37 m，相较于 $\alpha=2$ 的系统中 $L_d=6.08\times10^{-4}$ m，要长大约 63 100 倍。这意味着在具有分数阶衍射的系统中，真正的衍射长度要比 $\alpha=2$

的传统系统长得多。换句话说，如果一个光束在 $z = 100L_d$ 处不坍塌，那么在 $\alpha = 1.04$ 的分数阶系统中它可以传播约 3.8 km。

光束的能量和角动量分别定义为：$E = \iint |\Psi|^2 \, \mathrm{d}x\mathrm{d}y$，$L\hat{z} = \dfrac{i}{2}\iint r \times (\Psi \nabla \Psi^* - \Psi^* \nabla \Psi) \, \mathrm{d}x\mathrm{d}y$。光束表示为 $\Psi(x, y, z = 0) = f(r)\exp(iM\theta)$，这里，$r = \sqrt{x^2 + y^2}$，$M$ 是旋涡光束的拓扑指数。关系 $M = L/E$ 适用于所有非线性情况，因为参量 L 和 E 的定义式与非线性无关。

在量子力学中，薛定谔方程的解的角动量可以表示为 $m\hbar$，其中，m 是磁量子数，并且总概率归一化为 1。在经典光学中，E 是与光子数成正比的总能量，因此 L/E 表征光束的角动量。在量子力学中，L 的量子化类似于光学中 L/E 对非线性薛定谔方程支持的光孤子解来说是整数。然而，光学中的角动量 L/E 不一定是整数。在具有克尔非线性的非线性薛定谔方程中，已经报道了携带非整数光子角动量的项链环准孤子。

10.3 数值结果与讨论

首先，我们考虑以形式 $\Psi(x, y, z = 0) = \mathrm{sech}(r - r_0)\cos(N'\theta)\exp(iM\theta)$ 的输入光束在饱和介质中的传播，其中 $s = 1$。这样的光束包含 $N = 2N'$ 个光斑。如果 $M = 0$，相邻斑点之间的相位差为 π。对于非零的 M，相邻斑点之间的总相位差为 $\pi + 2\pi M/N$。具体而言，对于 $M \leqslant N/4$ 和 $M \geqslant 3N/4$，相邻的亮斑会相互排斥，对应于 $\pi/2 \leqslant \phi \leqslant 3\pi/2$，在径向方向上产生排斥性力，导致项链膨胀。对于 $N/4 < M < 3N/4$，净作用力变为引力，从而在径向方向上导致项链的初始收缩。这里，设置 $r_0 = 6.83$，用于将该工作的结果与 Soljai 和 Segev 的 $\alpha = 2$ 系统中的项链进行比较[33]。尽管具有较大 r_0 的项链可以在更长的传播距离内存活，但相邻亮斑之间的相互作用变得非常弱。亮斑之间不再发生能量交换，项链不再是一个全局链接的实体。

在 $\alpha = 2$ 的正常衍射下，输入光束缓慢膨胀，每个亮斑随传播距离同时膨胀（见图 10.1 上栏）。在此过程中，光斑的幅度迅速减小。亮斑的变形是由斥力和非零角动量的联合引起的。通过降低列维指数来减弱衍射并减小净斥力，项链的稳定性可以得到显著改善，从而明显减缓项链的膨胀（见图 10.1 下栏）。项链可以在非常长的距离上（数百个衍射长度）稳定传输，大大超过目前实验可行的样品长度。我们还应该提到这里的亮斑不是方程（10-1）的基本钟形孤子解。如果将其中一个亮斑移开，项链在非常短的传播距离后就会坍塌。正是亮斑之间的相互作用维持了整个结构。

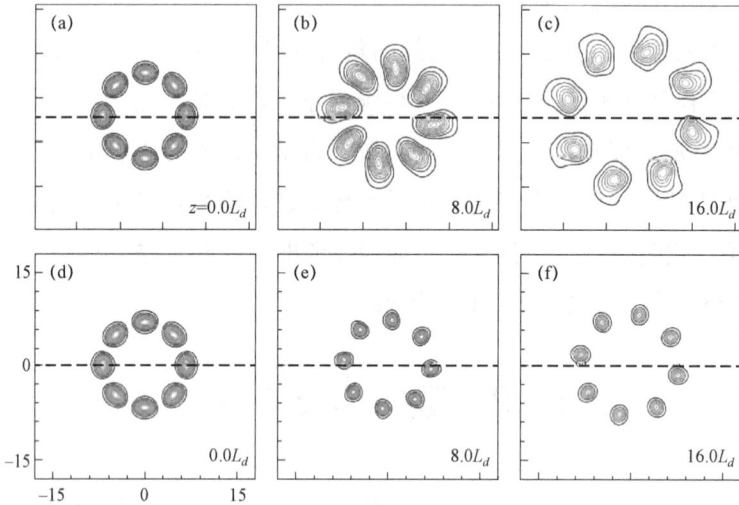

图 10.1　具有整数 L/E 的项链环形光束的演化图样。图（a）～图（c）中，$\alpha = 2$；图（d）～图（f）中，$\alpha = 1.04$。输入光束的形式为 $\Psi(x, y, z = 0) = \mathrm{sech}(r - 6.83)\cos(4\theta)\exp(i\theta)$。图（a）～图（f）中，$x \in [-18, +18]$[56]

项链光束的扩展与否可以通过检测器有效半径的演化来监测，有效半径定义为：$w = E^{-1}\iint r|\Psi(x, y)|^2 \mathrm{d}x\mathrm{d}y$。在 $\alpha = 2$，$z = 24L_d$ 处，有效半径是 $z = 0$ 处的 2.2 倍，对于 $\alpha = 1.04$，w_{24L_d}/w_{0L_d} 的比值降低到原来的 147%〔见图 10.2（a）〕。这表明分数衍射可以有效地减缓项链的径向扩展。在稳定传播中，由于亮斑之间的对称性必须得到保持，角动量必须通过整个项链的旋转来表现（对于正的 M，顺时针旋转）。我们监测了不同 z 处的 L 和 E 值，并发现由于传播过程中光束的辐射，L/E 随 z 的变化稍有变化〔见图 10.2（c）〕。L/E 可以近似看作是一个守恒量。

非零的 L/E 引起的旋转角速度 ω 与 M/R^2 成正比，其中 R 是光束的半径。这表明 ω 并不是一个守恒量，因为 R 随传播距离增加而增大。这种现象类似于滑冰者在冰上的情况：如果她在旋转时伸展双手，她的角速度将减小。如果假设角速度为守恒量，项链的膨胀会导致真正的旋转角曲线从理论预测的旋转角的曲线直接导出〔见图 10.2（b）〕。在 R 很大的大 z 处，ω 接近于 0，项链不会旋转。数值结果还验证了，具有较大 M 的项链比具有较小 M 的项链旋转更快。

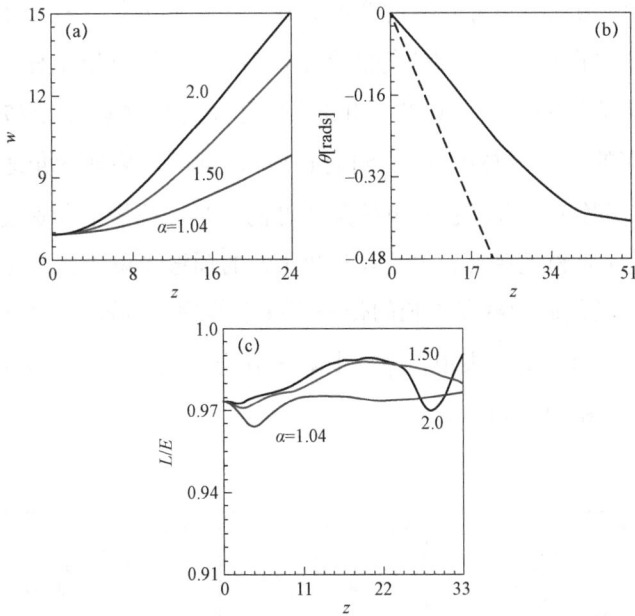

图 10.2 （a）不同列维指数下项链光束的有效半径 w 随传播距离的变化。（b）对应于图 10.1 下栏的项链光束的旋转角度随 z 的依赖关系。实线：数值测量得到的真实瞬时旋转角度；虚线：如果假定角速度守恒，理论预测的瞬时旋转角度。（c）L/E 对不同 α 的 z 依赖性[56]

为了强调分数阶衍射，除非另有说明，在以下讨论中，设定列维指数 $\alpha=1.04$，$s=1$。考虑光学中角动量的期望值可以是 $\hbar$ 的非整数倍。我们尝试在分数非线性情况下实现分数角动量，即分数 L/E 值的项链模式。为了构建这样的光束，我们选择初始输入光束形式为 $\Psi(x,y,z=0)=f(r)\{\exp[i(M+\Omega)\theta]+\exp(-i\Omega\theta)\}/2$。显然，此时 L/E 的值等于 $M/2$。上述光束的强度可以表示为 $f^2(r)\{1+\cos[(M+2\Omega)\theta]\}/2$。$M$ 为奇数时对应奇数个亮斑，M 为偶数时对应偶数个亮斑。当 M 为偶数时，其项目光束分布如图 10.1 所示。然而，当 M

为奇数时，L/E 的值成为半整数。这意味着每个光子对总角动量的期望值贡献了 $M\hbar/2$。

图 10.3 展示了一个 M 为奇数的项链光束的演化过程。分数角动量 $L/E=1/2$ 改变了项链光束的对称性。亮斑的中心均匀地位于一个环上，并在传播过程中进行全局旋转。由于非零角动量，它们也会发生变形。在传播过程中，每个亮斑的能量始终为 $E/7$。这意味着相邻亮斑之间没有能量交换，类似于 L/E 为整数的项链光束。虽然方位非对称的强度导致了在不同方位寻找光子的概率的非对称性，但局部的 L/E 的期望值仍然是方位对称的，即项链上任何位置的每个光子的角动量值均为 $1/2$。现在，相邻亮斑之间的相位差为 $2\pi/7$，这明显减缓了项链光束的膨胀（与图 10.1 进行比较）。同时，旋转的角速度 ω 现在是 $M/2R^2$，是偶数个亮斑项链光束的角速度的一半。缓慢的角速度减弱了离心力，从而减缓了项链的膨胀。与具有整数 L/E 的项链光束相比，具有 $L/E=M/2$ 的项链光束可以预期能够在更长的传播距离上传播。尽管 $\alpha<1$ 在物理上可能不合理，但从数学意义上来说，进一步降低 α 会明显抑制项链光束的膨胀〔见图 10.3（d）～图 10.3（f）〕。

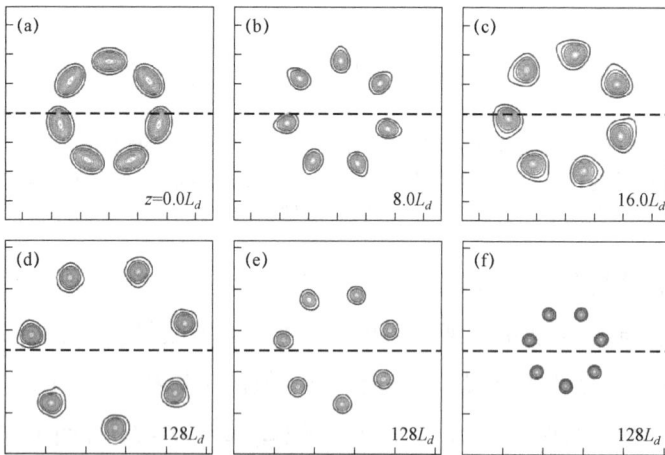

图 10.3　$L/E=1/2$ 的项链光束的演化图样。输入光束的形式为
$$\Psi(x,y,z=0)=\mathrm{sech}\,(r-6.83)[\exp(4i\theta)+\exp(-3i\theta)]/2\,。$$
在图（a）～图（d）中，$\alpha=1.04$；在图（e）中，$\alpha=0.8$；在图（f）中，$\alpha=0.4$。
图（a）～图（c）中，$x\in[-14,+14]$；图（d）～图（f）中，$x\in[-25,+25]$[56]

从上面的讨论可以得出结论，项链光束的 L/E 比值对于形式为 $\Psi(x,y)=f(r)\exp(iM\theta)$ 的项链光束是整数，而对于形式为 $\Psi(x,y)=f(r)[\exp(iM\theta)+\exp(iN\theta)]$ 的项链光束则是非整数。这为构建具有分数角动量的项链光束提供了有益的提示。事实上，角动量 L/E 可以取任意分数值。如果考虑一个形式为 $\Psi(x,y,z=0)=f(r)[a\exp(iM\theta)+b\exp(iN\theta)+c\exp(-iP\theta)+d\exp(-iQ\theta)]$ 的项链光束，相应的 L/E 可以简化为 $(a^2M+b^2N-c^2P-d^2Q)/(a^2+b^2+c^2+d^2)$，只要我们适当选择参数，就可以取任何实数值。尽管大多数此类项链光束是不稳定的，但其中一些仍然可以在很长距离内稳健传播。例如，我们让一个参数为 $a=1$，$b=7$，$c=8$，$d=0$，$M=15$，$N=P=8$ 的项链光束在列维系数为 $\alpha=1.04$ 的分数维系统中传播〔见图 10.4〕。相应的角动量 $L/E=-0.9211$ 意味着每个光子贡献了总角动量期望值的 $35\hbar/38$。

对于具有分数值的 L/E 的项链光束的演化，我们发现：① 项链光束的亮斑在方位径向上轻微调制，强度分布不再均匀；② 尽管场振幅和相邻亮斑之间的距离与图 10.3 中所示的相同，但由于相邻亮斑之间相位差引起的净离心力变得非常微弱，项链光束的扩展速度变得非常慢。项链光束的半径在数十个衍射长度后几乎保持不变；③ 在相邻的亮斑之间存在能量交换，在传播过程中项链光束呼吸变化〔见图 10.4（b）～图 10.4（d）、图 10.4（c）～图 10.4（e）和图 10.4（d）～图 10.4（f）〕；④ 项链光束缓慢地逆时针旋转，其角速度 ω 几乎为零，这是由于项链光束的大半径造成的。

为了更加深入地研究分数角动量的项链光束的动力学特性，我们在图 10.5（a）中展示了在特定传播距离上沿方位方向的强度分布。与初始输入不同，相邻亮斑之间的距离变得明显均匀。亮斑之间的能量转移导致逐渐不均匀的峰值。这表明 L/E 的值在传播过程中依赖于 θ，这方面与整数或半整数角动量的项链光束有很大的不同。图 10.5（b）中显示了描述局部横向能量流密度矢量〔定义为 $\vec{S}=(i/2)(\Psi\nabla\Psi^*-\Psi^*\nabla\Psi)$〕。能量流在方位方向和径向方向都有流动。然而，每个亮斑中的能量流流动相当复杂且完全不同。这验证了非均匀项链光束和相邻亮斑之间的能量交换的预测。

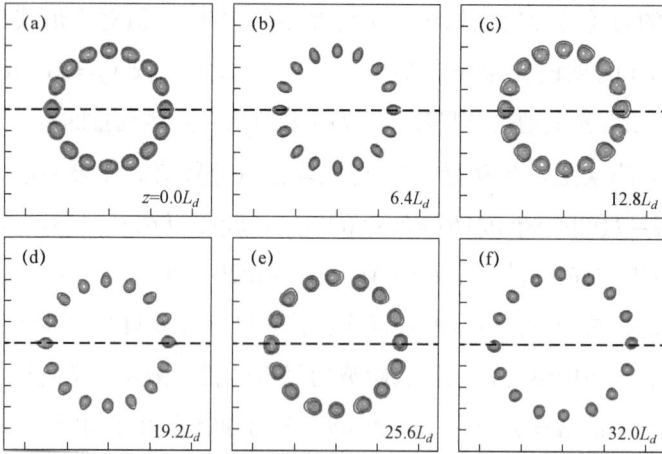

图 10.4 $L/E = -0.921\ 1$ 的项链光束的演化图样。输入光束的形式为
$\Psi(x,y,z=0) = \mathrm{sech}\,(r-13.66)[\exp(15i\theta) + 7\exp(8i\theta) + 8\exp(-8i\theta)]/16$。
在图（a）～图（f）中，$\alpha = 1.04$，$x \in [-25, +25]$[56]

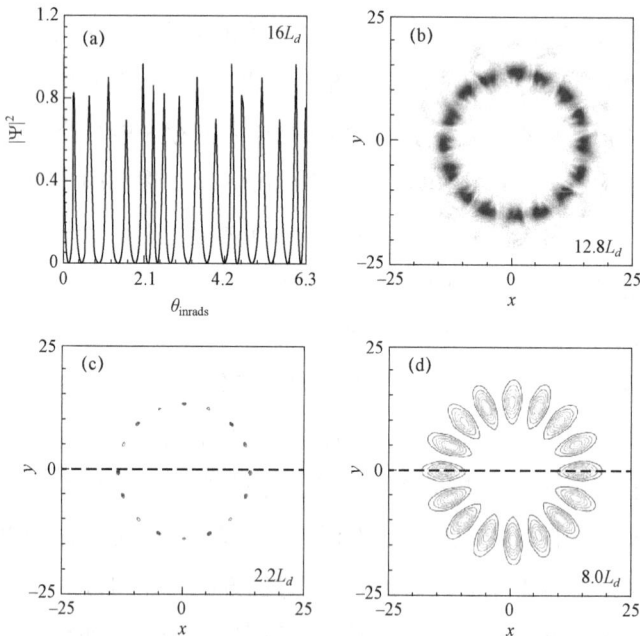

图 10.5 （a）$z = 16L_d$ 处的方位强度分布。输入光束形式与图 10.4（a）中相同。（b）$z = 12.8L_d$
处项链光束的横向能流分布。（c）在 $\alpha = 1.04$ 的系统中，$L/E = -0.921\ 1$ 的项链光束在
$z = 2.2L_d$ 处的强度分布。（d）在 $\alpha = 2$ 的系统中，$z = 8.0L_d$ 处的强度分布[56]

如果将饱和参数 s 设为 0，项链光束的亮斑在短距离传播后会立即收缩〔见图 10.5（c）〕。这意味着分数阶衍射被聚焦的克尔非线性所主导。另一方面，对于 $\alpha = 2$，强烈的衍射趋向于扩展亮斑。相邻亮斑之间的斥力阻止了沿方位方向的扩展。因此，亮斑在方位方向上被挤压，必须沿径向方向伸展〔见图 10.5（d）〕。这种过度伸展显著缩短了项链光束的寿命。

项链光束携带的非整数角动量是由于光束图案的轴对称性破缺。这可以从图 10.3 中看出，$L/E = 1/2$ 的项链光束亮斑是相同的，但亮斑的数量是奇数。尽管图 10.4 中的项链光束亮斑数量是偶数，但亮斑的位置略有不同，破坏了项链光束的对称性。在传播过程中，辐射导致能量 E 和总角动量 L 缓慢减小。由于 L 和 E 的变化相对于初始值来说很小，因此它们仍然可以被视为守恒量。

最后，我们简要讨论非线性分数阶薛定谔方程中光束传播的实验实现。分数拉普拉斯导数可以通过 Longhi 提出的方案实现[4]。在两个平面端镜的法布里-珀罗光学谐振腔中插入两个聚焦透镜和一个薄相位掩模，其传输函数为 $t(x,y) = \exp[-ig(x,y)/2][g(x,y) = \beta(x^2 + y^2)^{\alpha/2}]$，可以获得分数阶衍射〔假设 $g(x,y)$ 较小〕。聚焦透镜用于将光束谱空间和实空间进行转换。相位掩模导致相位变化在 z 处为 $\exp[-i/2(x^2 + y^2)^{\alpha/2}z]$。列维指数的值可以通过设计精良的相位掩模来控制。在装置中插入一个饱和非线性介质，可以观察到光束在分数阶衍射下的非线性传播动力学。需要注意的是，最近在一个具有损耗的三次-五次竞争光学介质中观察到了环形孤子簇[57]。竞争性的三次-五次非线性可能允许具有分数角动量的项链光束在巨大的传播距离上稳健传播。

10.4　本章小结

本工作研究具有可饱和非线性的分数维系统中整数和分数角动量的项链光束传播动力学特性，且发现了一些重要结论：列维指数的减小削弱了项链光束亮斑的衍射，饱和非线性的聚焦效应弱于克尔介质，可以轻松地平衡这种影响。因此，邻近亮斑之间的净斥力减弱，项链光束的扩展明显减缓，使项链光束可以在数百个衍射长度（几千米）的范围内稳健传播，这与正常衍射下的项链光束传播行为形成鲜明对比。项链光束在径向方向上扩展并在方位角方向上缓慢旋转。在整数或半整数角动量的项链光束中，对称性在传播过程中得到保留，而分数角动量的项链光束则不表现出任何对称性。这些结果和分析可以推广到研究分数 Gross-Pitaevskii 方程中物质波孤子的动力学。因此，该工作提供了一个在分数维度中具有分数角动量的准稳定非线性状态的典型例子。

10.5　本章参考文献

[1] LASKIN N. Fractional Schrödinger equation[J]. Physical Review E, 2002, 66(5): 056108.

[2] LASKIN N. Fractional quantum mechanics[J]. Physical Review E, 2000, 62(3): 3135.

[3] LASKIN N. Fractional quantum mechanics and Lévy path integrals[J]. Physics Letters A, 2000, 268(4-6): 298-305.

[4] LONGHI S. Fractional Schrödinger equation in optics[J]. Optics letters, 2015, 40(6): 1117-1120.

[5] LAUGHLIN R B. Anomalous quantum Hall effect:an incompressible quantum fluid with fractionally charged excitations[J]. Physical Review Letters, 1983, 50(18): 1395.

[6] WEN J, ZHANG Y, XIAO M. The Talbot effect:recent advances in classical optics, nonlinear optics, and quantum optics[J]. Advances in optics and photonics, 2013, 5(1): 83-130.

[7] ROKHINSON L P, LIU X, FURDYNA J K. The fractional ac Josephson effect in a semiconductor-superconductor nanowire as a signature of Majorana particles[J]. Nature Physics, 2012, 8(11): 795-799.

[8] OLIVAR-ROMERO F, ROSAS-ORTIZ O. Factorization of the quantum fractional oscillator; proceedings of the Journal of Physics: Conference Series, F, 2016[C]. IOP Publishing.

[9] HUANG C, DONG L. Gap solitons in the nonlinear fractional Schrödinger equation with an optical lattice[J]. Optics Letters, 2016, 41(24): 5636-5639.

[10] ZHANG L, LI C, ZHONG H, et al. Propagation dynamics of super-Gaussian beams in fractional Schrödinger equation:from linear to nonlinear regimes[J]. Optics express, 2016, 24(13): 14406-14418.

[11] ZHONG W P, BELIĆ M R, MALOMED B A, et al. Spatiotemporal accessible solitons in fractional dimensions[J]. Physical Review E, 2016, 94(1): 012216.

[12] ZHONG W P, BELIĆ M, ZHANG Y. Accessible solitons of fractional dimension[J]. Annals of Physics, 2016(368): 110-116.

[13] ZHANG Y, ZHONG H, BELIĆ M R, et al. PT symmetry in a fractional Schrödinger equation[J]. Laser & Photonics Reviews, 2016, 10(3): 526-531.

[14] ZHANG Y, ZHONG H, BELIĆ M R, et al. Diffraction-free beams in fractional Schrödinger equation[J]. Scientific Reports, 2016, 6(1): 23645.

[15] ZHANG Y, LIU X, BELIĆ M R, et al. Propagation dynamics of a light beam in a fractional Schrödinger equation[J]. Physical review letters, 2015, 115(18): 180403.

[16] HUANG C, DENG H, ZHANG W, et al. Fundamental solitons in the nonlinear fractional Schrödinger equation with a-symmetric potential[J]. Europhysics Letters, 2018, 122(2): 24002.

[17] DONG L, HUANG C. Double-hump solitons in fractional dimensions with a PT-symmetric potential[J]. Optics Express, 2018, 26(8): 10509-10518.

[18] YAO X, LIU X. Solitons in the fractional Schrödinger equation with parity-time-symmetric lattice potential[J]. Photonics Research, 2018, 6(9): 875-879.

[19] WU Z, CAO S, CHE W, et al. Solitons supported by parity-time-symmetric optical lattices with saturable nonlinearity in fractional Schrödinger equation[J]. Results in Physics, 2020(19): 103381.

[20] YAO X, LIU X. Off-site and on-site vortex solitons in space-fractional photonic lattices[J]. Optics Letters, 2018, 43(23): 5749-5752.

[21] DONG L, HUANG C. Vortex solitons in fractional systems with partially parity-time-symmetric azimuthal potentials[J]. Nonlinear Dynamics, 2019, 98(2): 1019-1028.

[22] LI P, MALOMED B A, MIHALACHE D. Vortex solitons in fractional nonlinear Schrödinger equation with the cubic-quintic nonlinearity[J]. Chaos, Solitons & Fractals, 2020(137): 109783.

[23] QIU Y, MALOMED B A, MIHALACHE D, et al. Stabilization of single-and multi-peak solitons in the fractional nonlinear Schrödinger equation with a trapping potential[J]. Chaos, Solitons & Fractals, 2020(140): 110222.

[24] HUANG C, DONG L. Beam propagation management in a fractional Schrödinger equation[J]. Scientific Reports, 2017, 7(1): 1-8.

[25] DONG L, HUANG C, QI W. Nonlocal solitons in fractional dimensions[J]. Optics Letters, 2019, 44(20): 4917-4920.

[26] ZHU X, CAO S, XIE J, et al. Vector surface solitons in optical lattices with fractional-order diffraction[J]. JOSA B, 2020, 37(10): 3041-3047.

[27] LI P, MALOMED B A, MIHALACHE D. Symmetry breaking of spatial Kerr solitons in fractional dimension[J]. Chaos, Solitons & Fractals, 2020(132): 109602.

[28] LI P, LI J, HAN B, et al. PT-symmetric optical modes and spontaneous symmetry breaking in the space-fractional Schrödinger equation[J]. Rom. Rep. Phys, 2019, 71(2): 106.

[29] QIU Y, MALOMED B A, MIHALACHE D, et al. Soliton dynamics in a fractional complex Ginzburg-Landau model[J]. Chaos, Solitons & Fractals, 2020(131): 109471.

[30] KIVSHAR Y S, AGRAWAL G P. Optical solitons:from fibers to photonic crystals[M]. New York: Academic press, 2003.

[31] SOLJAČIĆ M, SEARS S, SEGEV M. Self-trapping of "necklace" beams in self-focusing Kerr media[J]. Physical review letters, 1998, 81(22): 4851.

[32] SOLJAČIĆ M, SEGEV M. Self-trapping of "necklace-ring" beams in self-focusing Kerr media[J]. Physical Review E, 2000, 62(2): 2810.

[33] SOLJAČIĆ M, SEGEV M. Integer and fractional angular momentum borne

on self-trapped necklace-ring beams[J]. Physical Review Letters, 2001, 86(3): 420.

[34] DESYATNIKOV A S, KIVSHAR Y S. Necklace-ring vector solitons[J]. Physical Review Letters, 2001, 87(3): 033901.

[35] DONG L, WANG J, WANG H, et al. Broken ring solitons in Bessel optical lattices[J]. Optics letters, 2008, 33(24): 2989-2991.

[36] WILLNER A E, HUANG H, YAN Y, et al. Optical communications using orbital angular momentum beams[J]. Advances in optics and photonics, 2015, 7(1): 66-106.

[37] TAO S, YUAN X, LIN J, et al. Fractional optical vortex beam induced rotation of particles[J]. Optics Express, 2005, 13(20): 7726-7731.

[38] SITU G, PEDRINI G, OSTEN W. Spiral phase filtering and orientation-selective edge detection/enhancement[J]. JOSA A, 2009, 26(8): 1788-1797.

[39] OEMRAWSINGH S, DE JONG J, MA X, et al. High-dimensional mode analyzers for spatial quantum entanglement[J]. Physical Review A, 2006, 73(3): 032339.

[40] GUTIÉRREZ-VEGA J C, LÓPEZ-MARISCAL C. Nondiffracting vortex beams with continuous orbital angular momentum order dependence[J]. Journal of Optics A:Pure and Applied Optics, 2007, 10(1): 015009.

[41] DENG D, LIN M, LI Y, et al. Precision measurement of fractional orbital angular momentum[J]. Physical Review Applied, 2019, 12(1): 014048.

[42] KARTASHOV Y V, MOLINA-TERRIZA G, TORNER L. Multicolor soliton clusters[J]. JOSA B, 2002, 19(11): 2682-2691.

[43] CRASOVAN L C, KARTASHOV Y V, MIHALACHE D, et al. Soliton "molecules": robust clusters of spatiotemporal optical solitons[J]. Physical Review E, 2003, 67(4): 046610.

[44] HE Y, FAN H, DONG J, et al. Self-trapped spatiotemporal necklace-ring solitons in the Ginzburg-Landau equation[J]. Physical Review E, 2006, 74(1): 016611.

[45] HE Y, MALOMED B A, WANG H. Fusion of necklace-ring patterns into vortex and fundamental solitons in dissipative media[J]. Optics express, 2007, 15(26): 17502-17508.

[46] KARTASHOV Y V, CRASOVAN L C, MIHALACHE D, et al. Robust propagation of two-color soliton clusters supported by competing nonlinearities[J]. Physical review letters, 2002, 89(27): 273902.

[47] MIHALACHE D, MAZILU D, CRASOVAN L C, et al. Robust soliton clusters in media with competing cubic and quintic nonlinearities[J]. Physical Review E, 2003, 68(4): 046612.

[48] MIHALACHE D, MAZILU D, CRASOVAN L, et al. Soliton clusters in three-dimensional media with competing cubic and quintic nonlinearities[J]. Journal of Optics B: Quantum and Semiclassical Optics, 2004, 6(5): S333.

[49] YANG J, MAKASYUK I, KEVREKIDIS P, et al. Necklacelike solitons in optically induced photonic lattices[J]. Physical review letters, 2005, 94(11): 113902.

[50] DONG L, WANG H, ZHOU W, et al. Necklace solitons and ring solitons in Bessel optical lattices[J]. Optics Express, 2008, 16(8): 5649-5655.

[51] BUCCOLIERO D, DESYATNIKOV A S, KROLIKOWSKI W, et al. Laguerre and Hermite soliton clusters in nonlocal nonlinear media[J]. Physical review letters, 2007, 98(5): 053901.

[52] KARTASHOV Y V, MALOMED B A, TORNER L. Metastability of quantum droplet clusters[J]. Physical review letters, 2019, 122(19): 193902.

[53] LI P, MALOMED B A, MIHALACHE D. Metastable soliton necklaces supported by fractional diffraction and competing nonlinearities[J]. Optics Express, 2020, 28(23): 34472-34488.

[54] HERRMANN R. Fractional calculus:an introduction for physicists[M]. Singapore: World Scientific, 2011.

[55] BALEANU D, GOLMANKHANEH A K, GOLMANKHANEH A K, et al. Fractional electromagnetic equations using fractional forms[J]. International

Journal of Theoretical Physics, 2009, 48:3114-3123.

[56] DONG L, LIU D, QI W, et al. Necklace beams carrying fractional angular momentum in fractional systems with a saturable nonlinearity[J]. Communications in Nonlinear Science and Numerical Simulation, 2021, 99:105840.

[57] REYNA A S, BALTAR H T, BERGMANN E, et al. Observation and analysis of creation, decay, and regeneration of annular soliton clusters in a lossy cubic-quintic optical medium[J]. Physical Review A, 2020, 102(3): 033523.

附录 A
分数阶薛定谔方程的推导

根据分数阶倒数的形式 $\mathrm{d}^\nu = D_{x_1}^\nu \mathrm{d}x_1^\nu + D_{x_2}^\nu \mathrm{d}x_2^\nu + D_{x_3}^\nu \mathrm{d}x_3^\nu + D_t^\nu \mathrm{d}t^\nu$，可以给出分数阶麦克斯韦方程的形式为

$$\nabla^\alpha \vec{E} = \rho , \tag{A-1}$$

$$\nabla^\alpha \times \vec{H} = \partial_t^\alpha \vec{D} + \vec{J} , \tag{A-2}$$

$$\nabla^\alpha \vec{B} = 0 , \tag{A-3}$$

$$\nabla^\alpha \times \vec{E} = -\partial_t^\alpha \vec{B} . \tag{A-4}$$

这里，我们只考虑空间分数阶微分，然后可以得到麦克斯韦方程，即

$$\nabla^\alpha \vec{E} = \rho , \tag{A-5}$$

$$\nabla^\alpha \times \vec{H} = \partial_t \vec{D} + \vec{J} , \tag{A-6}$$

$$\nabla^\alpha \vec{B} = 0 , \tag{A-7}$$

$$\nabla^\alpha \times \vec{E} = -\partial_t \vec{B} . \tag{A-8}$$

在电介质材料中，假设在自由空间，$\rho = \vec{J} = 0$，$\vec{B} = \mu_0 \vec{H}, \vec{D} = \varepsilon \vec{E}$。应用向量旋转算子"$\nabla \times$"，作用于方程（A-8），可以得到

$$\nabla^\alpha \times (\nabla^\alpha \times \vec{E}) = -\mu_0 \frac{\partial}{\partial t} (\nabla^\alpha \times \vec{H}) = -\mu_0 \varepsilon \frac{\partial^2 \vec{E}}{\partial t^2} . \tag{A-9}$$

应用矢量公式

$$\nabla^\alpha \times (\nabla^\alpha \times \vec{E}) = \nabla^\alpha (\nabla^\alpha \cdot \vec{E}) - \nabla^{2\alpha} \vec{E} , \tag{A-10}$$

这里，$\nabla^\alpha \nabla^\alpha = \nabla^{2\alpha}$，我们能够将方程（A-10）的右边写为 $-\nabla^{2\alpha} \vec{E}$。

对于 $\vec{E}$，可以得到

$$-\mu_0\varepsilon\frac{\partial^2 \vec{E}}{\partial t^2} = -\nabla^{2\alpha}\vec{E} , \tag{A-11}$$

因此，我们可以得到分数波动方程

$$\nabla^{2\alpha}\vec{E} - v^2\frac{\partial^2 \vec{E}}{\partial t^2} = 0 , \quad v^2 = \frac{1}{\mu_0\varepsilon} . \tag{A-12}$$

另一方面，考虑到关系式：以及 $\partial/\partial t = -i\omega$，将向量旋转算子 "$\nabla\times$" 作用于方程（A-8），可以得到

$$\begin{aligned}
\nabla^{\alpha}\times(\nabla^{\alpha}\times\vec{E}) &= -(-i\omega)\mu_0\nabla^{\alpha}\times\vec{H} = i\omega\mu_0\nabla^{\alpha}\times\vec{H} \\
&= i\omega\mu_0\frac{\partial}{\partial t}(\varepsilon_0 n^2\vec{E} + P^{NL}) \\
&= i\omega\mu_0(\varepsilon_0 n^2)(-i\omega)\vec{E} + i\mu_0\omega\frac{\partial P^{NL}}{\partial t} \\
&= \mu_0\varepsilon_0\omega^2 n^2\vec{E} + i\mu_0\omega\frac{\partial P^{NL}}{\partial t} \\
&= \nabla^{\alpha}(\nabla^{\alpha}\cdot\vec{E}) - \nabla^{2\alpha}\vec{E} = -\nabla^{2\alpha}\vec{E}.
\end{aligned} \tag{A-13}$$

因此，由上面的方程可以得到

$$\nabla^{2\alpha}\vec{E} + \mu_0\varepsilon_0\omega^2 n^2\vec{E} + i\mu_0\omega\frac{\partial P^{NL}}{\partial t} = 0 . \tag{A-14}$$

接下来，我们考虑场形式为

$$E(x,z) = A(x,z)\exp(ibz), \tag{A-15}$$

因此，可以得到

$$\nabla_z^{2\alpha}\vec{E} = \nabla_z^{2\alpha}[A(x,z)\exp(ibz)] = [\partial_z^{\alpha}\partial_z^{\alpha}A + 2(ib)^{\alpha}\partial_z^{\alpha}A + A(-b^2)^{\alpha}]\exp(ibz). \tag{A-16}$$

我们认为场 A 是 z 的慢变函数（$\partial_z^{\alpha}\partial_z^{\alpha}A \ll 2(ib)^{\alpha}\partial_z^{\alpha} \approx 2i(b)^{\alpha}\partial_z A$，$0.5 < \alpha \le 1$），可以消去一些项，方程（A-14）可以简化成为

$$2ib^{\alpha}\frac{\partial A}{\partial z} + \nabla_{\perp}^{2\alpha}A + (-b^2)^{\alpha}A + \omega^2\mu_0\varepsilon_0 n^2 A + i\omega\mu_0\exp(-ibz)\frac{\partial P^{NL}}{\partial t} = 0 . \tag{A-17}$$

该方程即为空间依赖的分数阶薛定谔方程。

附录 B
分数阶薛定谔方程传输方法

下面以论文［Laser Photonics Rev. 10，No. 3，526-531（2016）］中的分数阶薛定谔方程为例，简单说明光束在分数阶薛定谔方程中的传输过程。其方程为

$$i\frac{\partial \Psi}{\partial z}+\left[-\left(-\frac{\partial^2}{\partial x^2}\right)^{\alpha/2}\Psi+V(x)\right]\Psi=0. \qquad （B-1）$$

基于方程（B-1），传输过程可以应用龙格库塔（RK-4）方法进行编写。在编写代码的过程中只需要注意分数拉普拉斯项的处理即可。在一维系统中，$(-\Delta)^{\alpha/2}f$ 在谱空间可表示为 $\widehat{(-\Delta)^{\alpha/2}f(k)}=|k|^{\alpha}\widehat{f(k)}$。传输结果见论文［Laser Photonics Rev. 10，No.3，526-531（2016）］中的图 2（a）。参考传输代码如下。

```
L = 180;
N = 3072;
dt = 0.001;
nmax = 80*1e3;
tmax = dt*nmax;
dx = L/N;
x = [-L/2:dx:L/2-dx]';
kx = [0:N/2-1-N/2:-1]'*2*pi/L;
u = exp(-1*(x).^2/100);
```

```
udata = u;
tdata = 0;
A = 4;
miu = A*(cos(x).^2 + 1i*0.5*sin(2*x));
drawnow,
h = waitbar(0,'please wait...');
alpha1 = 1;alpha = 1
for nn = 1:nmax
    du1 = -1i*(ifft(abs(kx).^alpha.*fft(u))-miu.*u);v = u + 0.5*du1*dt;
    du2 = -1i*(ifft(abs(kx).^alpha.*fft(v))-miu.*v);v = u + 0.5*du2*dt;
    du3 = -1i*(ifft(abs(kx).^alpha.*fft(v))-miu.*v);v = u +   du3*dt;
    du4 = -1i*(ifft(abs(kx).^alpha.*fft(v))-miu.*v);
    u = u + (du1 + 2*du2 + 2*du3 + du4)*dt/6;
    u = u.*ABC;
    if mod(nn,nmax/400) = = 0
        nn
        waitbar(nn/nmax)
        udata = [udata u];tdata = [tdata nn*dt];
    end
end
imagesc(tdata,x,abs(udata)),colormap hot
close(h)
```